초등학생을 위한 양자역학 ②

- 아인슈타인과의 만남 -

초등학생을 위한 양자역학 2

- 아인슈타인과의 만남 -

기획 어린이과학동아

그림 홍승우 | 글 이억주 | 감수 최준곤(고려대학교 물리학과 교수)

해나무

머리말

안녕하세요, 어린이 여러분. 저는 만화가 홍승우입니다.
저는 어렸을 때부터 과학자를 존경해 왔습니다.
과학자들은 우리가 살고 있는 지구와 우주 만물이 어떻게 만들어졌고
어떤 법칙으로 작동하는가 하는 문제를 탐구했기 때문입니다.

여러분 앞에 사과가 하나 있다고 생각해 보세요.
사과를 반으로 쪼개고 그 반을 또 쪼개고 계속 쪼개다 보면 무엇이 나올까요?
바로 원자입니다. 원자는 이 세상의 모든 물질을 이루는 단위입니다.
양자역학은 원자같이 더 이상 쪼갤 수 없는 단위 안에서 벌어지는
물리 현상을 탐구합니다.

그토록 작고 작은 세계에 대해 궁금증과 의문을 갖기 시작한 건
먼 옛날 그리스 시대부터랍니다. 그때부터 지금까지 수천 년 동안
과학자들이 원자를 연구해 온 결과 지금은 원자 안에 무엇이 들어 있고
그것들이 어떻게 움직이는지 알고 있습니다. 하지만 아직도 더 알아내야 할
사실들이 남아 있죠.

이런 의문을 품은 과학자들은 누구였는지, 또 어떻게 연구를 해 왔는지
궁금하지 않나요? 그들의 발견 이야기와 원자 속 세계에서 작동하는
물리 법칙을 만화를 통해 배워 보세요. 이 책에서는 우리 이웃과도 같은
다운이 가족이 시간을 거스르며 원자 속 세상을 탐험합니다.

자, 그럼 만화 캐릭터들과 함께 어린이 여러분도 눈에 보이지 않는
가장 작은 세계로 들어올 준비되셨나요?
그럼 시작합니다!

홍승우(만화가)

여러분은 핸드폰이나 컴퓨터 없이 잘 살 수 있나요?
아마도 원시 시대로 돌아간 느낌일 것입니다.
오늘날 우리 생활을 편리하게 해 주는 여러 과학기술은 양자역학 덕분에 등장할 수 있었습니다. 특히 핸드폰과 컴퓨터에 적용되는 반도체의 원리도 양자역학으로 설명됩니다.

과학사에는 두 번의 '기적의 해'가 있어요.
첫 번째는 뉴턴이 만유인력 법칙과 운동 법칙을 발견하여 달과 사과의 움직임을 설명한 1666년이고,
두 번째는 아인슈타인이 빛과 전자의 성질에 대한 위대한 논문을 발표해서 양자역학의 기초를 다진 1905년입니다.
뉴턴의 운동 법칙은 눈으로 볼 수 있는 거시 세계를 설명하는 반면,
양자역학은 눈으로 볼 수 없는 미시 세계를 설명합니다.

양자역학을 모두 이해하는 것은 참으로 어려운 일이에요.
하지만 호기심을 갖는다면, 물질이 무엇으로 이루어져 있고,
그 물질 사이에서 어떤 일이 일어나는지를 살펴볼 수 있습니다.

호기심은 과학의 가장 큰 밑거름이에요.
이 책은 바로 그 호기심을 가지고 물질의 세계를 탐구한 과학자들의 이야기입니다. 고대 그리스의 철학자 데모크리토스부터 양자 순간 이동을 성공시킨 안톤 차일링거까지, 양자역학에 기여한 수많은 과학자들을 통해 여러분을 미시 세계로 안내하고자 합니다.

이억주(글 작가)

차례

머리말 • 4

1화 차갑고 맑은 빛 • 10

2화 불꽃놀이의 밤 • 30

3화 감자도 빛도 알알이 • 50

4화 화장실의 시간은 거꾸로 간다? • 70

도전! 아인슈타인의 오엑스 퀴즈 • 90

이보게, 자네! 90쪽에 나오는 오엑스 퀴즈 한번 풀어 봐.
알 듯 말 듯 그게 좀 헷갈리더라고요….

시간 여행의 비밀을 찾아서
슝슝슝~!

5화 쌍무지개 뜨는 언덕 • 92

6화 100년을 뛰어넘은 인연 • 112

7화 겉과 다른 속 • 132

8화 마음을 잇는 힘 • 152

9화 서서히 드러나는 진실 • 172

어디 어디 숨었나? 과학자를 찾아라! • 192

등장인물

정다운
물리초등학교 5학년.
물리학에 대해서라면
뭐든지 궁금한 호기심 대왕.

믹스
다운이 가족의 반려견.
먹을 것을 무지 밝히는
사고뭉치.

다운이 가족
누구보다
서로를 아끼는
따뜻한 가족.
함께 모이면 웃음이
끊이질 않는다.

김민서
물리초등학교 5학년.
박학다식하며
호기심이 많은 똑똑이.

막스 플랑크
독일의 물리학자(1858~1947)

알베르트 아인슈타인
독일의 물리학자(1879~1955)

존 스트럿
영국의 물리학자(1842~1919)

아서 콤프턴
미국의 물리학자(1892~1962)

토머스 영
영국의 물리학자(1773~1829)

제임스 채드윅
영국의 물리학자(1891~1974)

유카와 히데키
일본의 물리학자(1907~1981)

엔리코 페르미
이탈리아의 물리학자(1901~1954)

1화
차갑고 맑은 빛
생태
오늘 보여 줄 자연 다큐멘터리의 주인공은 바로 요 녀석입니다.
우와아아아! 반딧불이 애벌레다!
와, 대박!
또 시작이다….
칫, 애벌레가 뭐 그리 대단하다고….
다른 애벌레와는 달리 반딧불이 애벌레는 굉장히 특별하단 말이야!
무식한 중생아!
푹
헉
우우~, 무섭지? 특별한 좀비 애벌레~.
애벌레
헤벌레
하나도 안 무섭거든? 오히려 웃긴다!

우오오~!
스이잉 우욱
뷁! 꾸웨우어 빡!
화면에 집중 안 하고 잡담하는 건 금지!
그르르
선생님, 반딧불이 애벌레는 빛을 내고 또 무시무시한 사냥꾼이니… 특별한 애벌레인 거 맞죠?
그쵸? 그쵸?
네… 맞아요.
빛을 내는 사냥꾼이라면… 이런 느낌?
You're under arrest!
좌악
꺅
아니, 그런 식이 아니고….
그럼 댄스홀 반사등처럼 이렇게?
부기 우기
다큐멘터리를 계속 보면 나옵니다! 집중하세요!
오~, 성충처럼 애벌레도 꼬리에서 빛이…!

반딧불이 애벌레는 아래턱으로
달팽이를 야금야금 먹어 버립니다.
으~, 징그러워!
알
1령 애벌레
2령 애벌레
3령 애벌레
번데기
성충
요즘엔
애들이
더 무서워….
밤하늘을 예쁘게
수놓는 무수한
반딧불이들도 어린 시절엔
난폭한 사냥꾼이었던
거예요.
너, 형설지공이
뭔지 알아?
형이 혓바닥으로
공을 갖고 논다는 뜻?
헤
공
설
형
오~ 아둔한
저 중생을
어이할고
와
동생

자기 유머에 자기가 숨넘어갈 듯 웃는 꼴이라니 정말 못 봐 주겠네….
끄으
끄으
끄으
아이고 배야
형설지공이란! 옛날 한 가난한 선비가 불을 밝힐 기름이 떨어지자…
오, 이런!
반딧불이를 잡아 반딧불로 공부하고
4×5=20
4×6=24
또 다른 한 선비는 눈(雪)에 반사된 달빛으로 공부했다는 뜻이야!
하늘 촌 땅 쥐
어우야~. 반딧불이를 모아 놨다가 불나면 어쩌려고….
파이야~!
화르르
반딧불이를 모아 놓는다고 불이 나지는 않거든?

그럼
반딧불이 빛이랑
눈 빛이랑 결합하면
효과가 짱이겠네?
톡
오오오오,
눈 부셔!
주
욱
까르르
깔깔!
마트에서
사 온 머리띠가
믹스랑 정말
잘 어울린다,
까르르!
…….
더듬이견,
곤충견
등장이오~,
깔깔!
내가 바비
인형이라도
되는 줄
아는군…
주
우
욱
그 코스튬은 뭐냐?
네가 뭐 반딧불이라도
되는 줄 알아?
촤
아
왈와르르왈왈!
(내 의지가
아니라고!
이 시간 이동처럼!)

1899년 독일 베를린 대학교
막스 플랑크 연구소
민서랑 반딧불이 이야기를 했는데… 이동은 민서와도 관련 있는 건가?
딸랑 딸랑
Temperature
Wavelength for Maximum Intensity
3000K 966 nm (IR)
4000K 724 nm (Red)
5000K 580 nm
6000K 483 nm
UV
483 nm
IR
Visible
6000 K
5000 K
4000 K
3000 K
Power density
Wavelength (nm)
Short Wavelength
High Frequency
Long Wavelength
Low Frequency
너흰 누구냐?
!
스윽
헉
바, 반딧불이의 빛이 궁금해서 여쭈러 왔어요.
반딧불이의… 빛?
잘했어
음… 내가 곤충학자는 아니지만 빛에 대해 연구하기는 하지….
!

빛에 흥미를 갖는 아이는 흔하지 않은데… 네 이름이 뭐냐?
전 정다운이고 얜 믹스예요.
음… 네 개를 보니 네가 곤충에 관심이 많은 것 같구나. 개에게 더듬이를 달다니….
띠요용
제가 꾸민 게 아녜요…
난 막스 플랑크 교수란다.
방가
그래, 반딧불이가 왜 빛을 내는지 궁금한 거냐?
그러니까 형설지공이라는 말이 있잖아요?
반딧불이를 모으면 빛의 열 때문에 혹시 불이 붙지 않을까 해서요.
꺄울!
형설지공이 뭔지는 잘 모르겠다만…
내가 요즘 연구하고 있는 것과 비슷한 생각을 하고 있구나.
?

이걸 좀 보렴.
뒤적 뒤적
뭐 하시는 건데요?
보골 보골
라
면
반딧불
라면 끓여 먹는 불이 아니란 말이닷
이거!
이… 이건 석탄이잖아요.
석탄으로 라면 끓여 먹나?
왈?
이 석탄은 왜 검은 것일까?
그, 그야…
산은 산이요…
물은 물이로다…
그러니 석탄이므로 검은 것이지요.
라면! 라면!

그게 아니라…
석탄은 빛을
반사하지 못하고
모두 흡수하기
때문에 검게
보이는 거란다.
빛
빛을
흡수한다….
흐읍!
그럼 이 사과를 보렴.
사과는 왜 붉게
보이는 걸까?
척
Red
혹시…
다른 빛을 흡수하고
붉은색 빛만
반사하니까….
그렇지!
바로 그거다.
척
얍!
화르르
악!

그런데 이 석탄을 뜨겁게 태우면 어떻게 될까?
화아악
라면을 끓여 먹을 수 있어요! 후루룩 짭짭, 후루룩 짭짭, 맛 좋은 라면!
후루룩
라면이 뭔지는 모르겠다만 그건 아니다….
와, 숯불 색깔이….
붉어진다?
빙고!
그래, 석탄을 태우면 처음에는 붉게 타다가 점점 청백색으로 변하지.

그럼 석탄이
탈 때 온도는
어떻게 될까?
엄청나게
뜨겁겠죠!
그야
당연하지….
헙
헙
러시아
민속춤
석탄은 상온에서는
모든 빛을 흡수해
검은색을 띠지만….
온도가 올라가면서
계속 색깔이 변해.
상승하는 온도에
따라서 다른 빛을
방출하는 거지.
그렇다면
온도가 낮을 땐
빛을 흡수하고…
빛
흐읍!
온도가 높으면
빛을 방출한다는
건가요?
빠샤!
이제야 좀
알아듣는구나.

척
화르르
헉!
탕 탕
과학자야,
대장장이야….
탕
탕
대장간에서 쇠를 녹일 때 가장 중요한 것은 쇠의 온도야.
쇠의 온도에 따라 만들 수 있는 물건도 달라지거든.
오!
예를 들어 호미와 칼은 만들 때의 온도가 서로 달라.
역할도 다르지!
그렇다면 달궈진 쇠의 온도는 어떻게 알 수 있을까?

여기 온도계가 있네요.
이걸로 쇠의 온도를
재면 되잖아요.

그걸 들이대면
온도를 재는 게
아니라 온도계가
녹는 걸 볼 수
있지….
어이구야.
흐물흐물

다행히
대장장이들은
쇠의 색깔을 보고
온도를 알 수
있단다.
음,
170℃군.

뉴턴은 태양빛이
여러 색으로
이루어져 있다는
사실을 알아냈지.
아~!
프리즘 실험
말이죠?

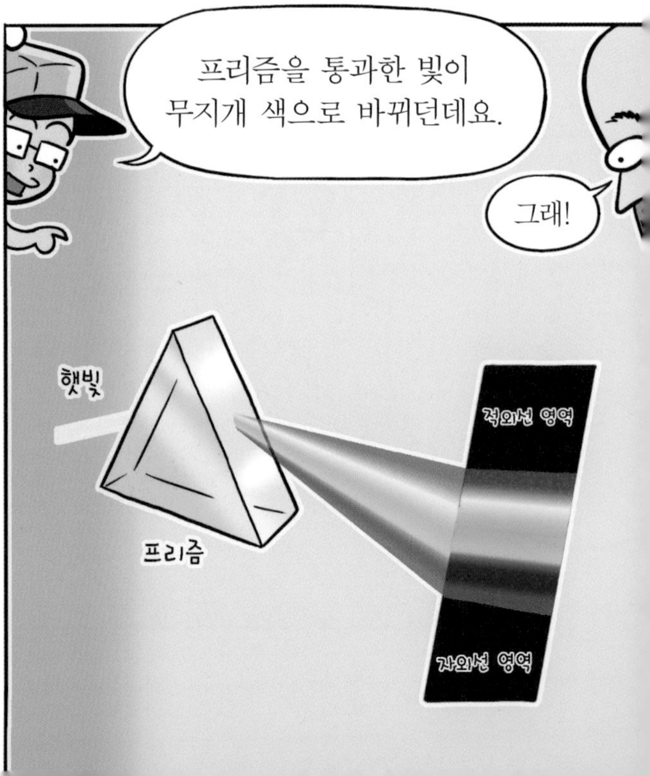
프리즘을 통과한 빛이
무지개 색으로 바뀌던데요.
그래!
햇빛
프리즘
적외선 영역
자외선 영역

적외선이나 자외선처럼 우리가 볼 수 없는 빛도 있대요!
그래, 잘 알고 있구나.
자외선
가시광선
적외선
석탄은 온도가 높아지면 빛을 방출하고, 온도에 따라 빛의 색깔이 바뀐다고 했지?
네.
그와 마찬가지로…
우리가 볼 수 있는 가시광선은 각 색깔마다 고유한 파장을 갖고 있단다.
파장!
400
500
600
700
파장의 크기(단위: 나노미터*)

* 1나노미터(nm)는 10억 분의 1미터(m)이다.

실은 우리가 볼 수 있는 가시광선과 보지 못하는 적외선, 자외선 말고도 더 많은 빛의 영역이 있어.
감마선
X선
자외선
적외선
마이크로파
라디오파
가시광선(단위: 나노미터)
380 400 500 600 700 750

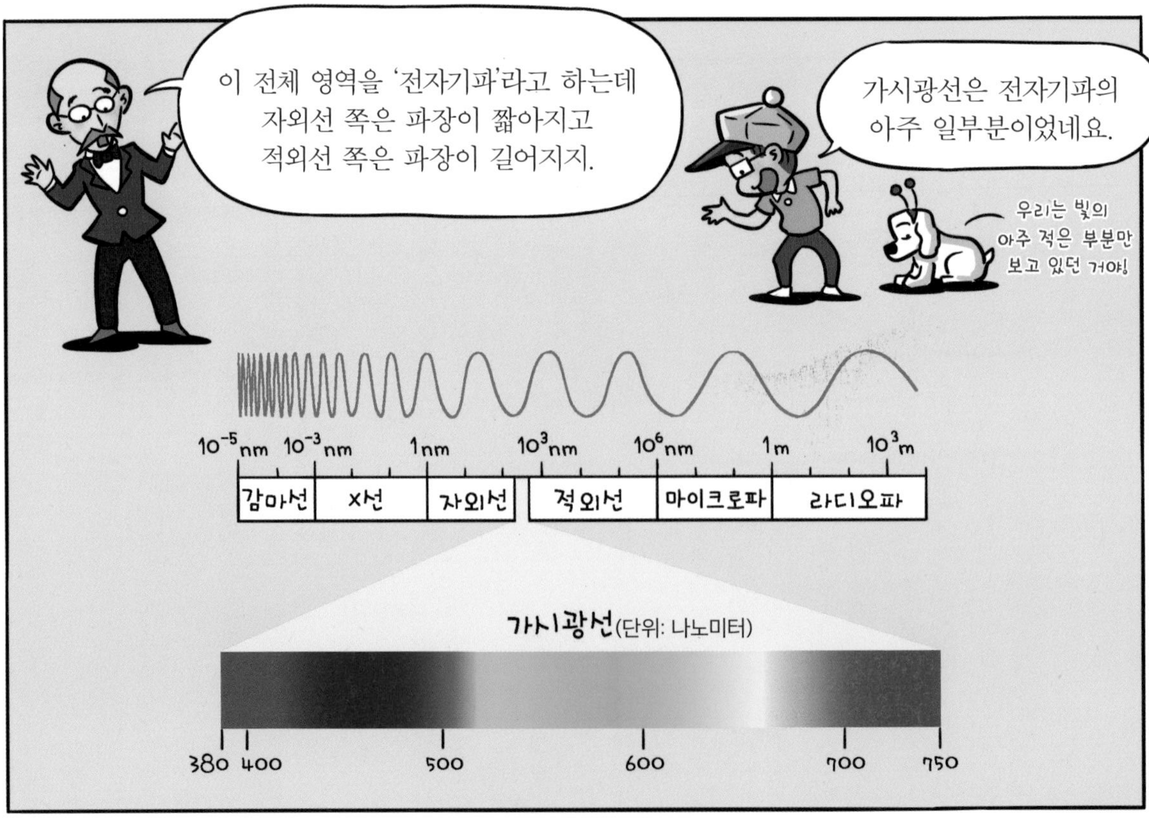
이 전체 영역을 '전자기파'라고 하는데 자외선 쪽은 파장이 짧아지고 적외선 쪽은 파장이 길어지지.
가시광선은 전자기파의 아주 일부분이었네요.
우리는 빛의 아주 적은 부분만 보고 있던 거야!
10⁻⁵nm 10⁻³nm 1nm 10³nm 10⁶nm 1m 10³m
감마선
X선
자외선
적외선
마이크로파
라디오파
가시광선(단위: 나노미터)
380 400 500 600 700 750

그럼 온도가 올라가면 물질이 빛을 방출한다는 건…
다시 말해서…
전자기파를 방출한다는 뜻이기도 하네요.
바로 그거야.
가시광선
그 밖의 빛
이렇게 열을 흡수한 물질이 전자기파를 방출하는 걸 '복사'라고 하지.
복사
그 복사… 는 아닌 것 같은데….
위잉 위잉
태양에서 오는 따뜻한 햇볕도 바로 복사 에너지야.
요즘 나는 흑체 복사를 연구하고 있단다.
흐… 흑체 복사요?

그 흑채
말고….
칙 칙
더 가르쳐 주고 싶지만
너무 어려울 것 같구나…
여기까지만 하자.
석탄 샘플이다.
가지고 가렴.
이걸 볼 때마다
오늘 있었던 일이
기억날 게다.
네….
츄아약
그만
좀 뿌려!
츄아악
칙칙
이거 은근
중독된다….

샤악
흑체… 녹체…
백체….
야!
너 자꾸 이상한
소리 할래?
얘기를 듣다 말았어…
다시 돌아가야 해….
정말
이상한 애야.
도통 속을
알 수 없단
말이야….
빛… 온도…
열…
복사 에너지….
반딧불이
빛은 열 때문에
생기는 게
아니라고!
발광 효소
때문이란 말이야!

도대체 수업에 집중하지도 않고, 헛소리나 하고!
시끄러! 다시 돌아가서 이야기를 계속 들어야 한단 말이야아아악!
콰아
드라마 찍니? 얼른 자리에 앉아요….
…….
…….
위잉
여보, 이리 와 봐! 믹스 사진 뽑았어!

히익!
믹스 눈이… 빛이 반사됐나 봐….
오오, 지옥에서 온 악마견 같다….
정확히 이야기하자면 악마 곤충견…?
팍 팍 팍
흑채… 칙칙….

하하! 이제 본격적인 캠핑을 시작해 볼까나?
AUTO 캠핑장
2화
불꽃놀이의 밤
아빠, 우리도 텐트 사요!
?
아들… 눈을 크게 뜨고 이 글을 읽어 보렴.
AUTO 캠핑장
지정받은 텐트를 사용하세요.
그만 좀 뛰어다녀!
조리 도구 완비, 그릴 대여, 장작 판매합니다.

이런 곳이 있는데
텐트를 왜 사야
하는 거지? 왜?
그만 좀
뛰어
냐 냐 냐
텐트도 안 치는
캠핑이 무슨
캠핑이에요!
팥소 없는 찐빵,
새알심 없는 팥죽,
초 안 꽂은
케이크죠!
냐 냐 냐
오,
비유 죽이네.
냐 냐 냐
아~, 우리
다운이가 캠핑의
진정한 맛을
느끼고 싶은
거구나.
빙고!
자, 그럼
이거 들고 가서
쌀 씻어 오렴.
헉!
이걸
제가요?
스윽
캠핑의 꽃은 밥이야, 밥!
네가 안 하면 누가 하리!
말도 안 돼!
꽥 꽥 꽥 꽥
어우, 창피해.
남인 척하자….

쏴
아
으~,
결국 엄마의
폭정에 지고
말았어.
벅 벅
벅벅
벅 벅
벅벅
......
벅벅
띵
김민서!
띠용
정다운!
김민서,
넌 왜 나만 졸졸
따라다니는
거야?
무슨
소리야!
너야말로 날
쫓아다니면서!

엥? 민서 언니잖아. 내가 여기로 온다고 알려 준 적 없는데….
오늘은 진짜 우연 같은데?
이거 왜 이래. 우리 가족은 엄마가 캠핑을 좋아하셔서 원래 자주 온다고.
오늘은 텐트도 직접 가지고 왔단 말이야!
오옷! 뤼얼리?
나… 혹시 텐트 치는 거 같이 도우면… 안 될까?
뭐?
하바랍! 빠챠!
탕 탕

아빠, 여기서 반 친구를 만났어요. 이름은 정다운이에요.
안녕… 하세요.
아빠가 텐트 치는 걸 돕고 싶대요.
오, 그래? 마침 도움이 필요했는데….

그런데 다운아,
네 부모님은
어디 계시니?
부모님요?
쩝
쩝
• • • • •
• • •
오 마이 갓!
쌀 씻어
오라고
했는데!
그 쌀로
여기서 밥을
지어 먹고 있는
난 뭐지?
정다운!
쌀 들고 어딜 갔니!
아무래도
거길 간 것
같은데…
내 말이
맞지?
정다운…
여기서 뭐 하냐?
휘잉

아이고, 죄송합니다. 얘가 워낙 오지랖이 넓어서 본의 아니게 실례를….
아닙니다. 저희는 다운이 친구 민서의 부모입니다.
다운이가 텐트 치는 걸 도와줬어요.
다운이가 얼떨결에 가지고 온 쌀로 밥을 한 것 같은데, 같이 식사하시죠.
그… 그래도 될까요…?
펑

펑
펑
와~!
정말 예쁘다… 마치 내 얼굴 같아….
펑
헐~!
아님… 우리 얼굴?
왜들 이래!
그래, 그래!
짝
짝
자백의 신들이 다 모였네….

펑
참… 얘네는 정말 이상해….
펑
……!
아아! 나까지 왜 이러지?
?
펑
불꽃과 민서의 얼굴이 합쳐지다니, 나 지금 왜 이러지…?
주욱
화악
으르릉
나 참, 시간 이동은 자비가 없어! 불꽃놀이 좀 보자, 응?

1900년 막스 플랑크 연구소
음~.
어? 또 다시 막스 플랑크 연구소에 왔잖아.
온 곳에 또 왔다고?
너희들은 누구냐?
또 만났네요, 플랑크 아저씨.
또 만나다니? 생전 처음 보는 꼬마가 이상한 소리를 하는구나.
어, 그러니까… 이번엔 불꽃놀이의 화려한 색깔을 보다가 이리로….
으르르
또! 또 시작이다!
!
불꽃? 색깔? 그래, 나도 마침 그 문제를 고민하고 있었단다!

지난번에 흑체 복사에 대해 이야기하셨잖아요.
!
아, 그러고 보니…. 예전에 내 제자들과 나눈 대화를 들었나 보구나?
날 기억 못 하시네.
혹시… 기억력 나쁜 천재?
1900yr.
지난번에 왔을 때 달력은 1899년, 지금은 1900년. 1년 뒤 '미래'인데…
더 과거로 간 것도 아니잖아. 이상하네.
흑체란… '검은 물체'란 뜻이란다.
검은 물체…
이게 아니었군…
착 착
검은 물체라면 혹시….
…….
꺄 아~
우어어~!
그런 공포의 괴물이 아니라, 빛과 온도와 관련된 가상의 물체야….
혹시 석탄 같은…?
우어어
저리 꺼져!

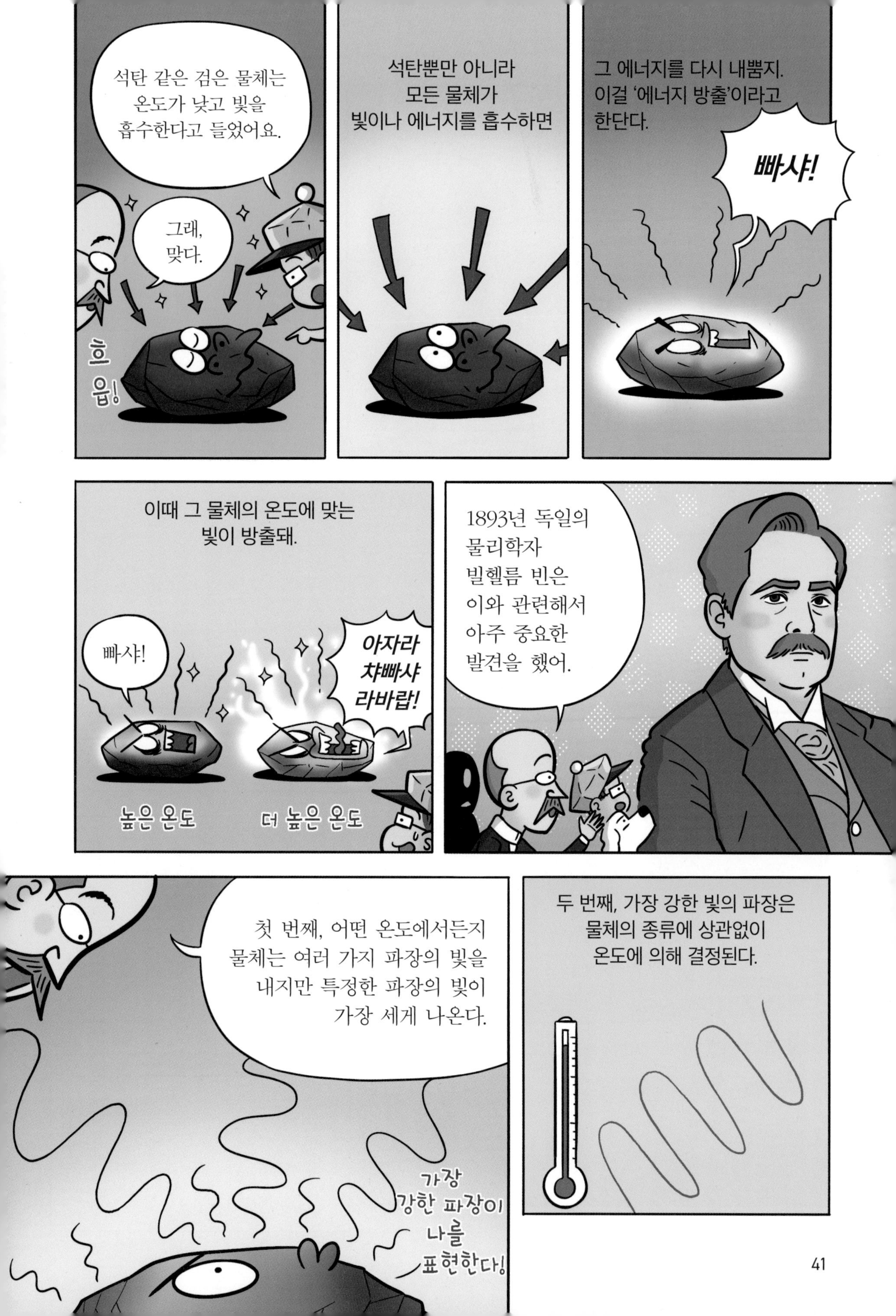
석탄 같은 검은 물체는 온도가 낮고 빛을 흡수한다고 들었어요.
그래, 맞다.
흐읍!
석탄뿐만 아니라 모든 물체가 빛이나 에너지를 흡수하면
그 에너지를 다시 내뿜지. 이걸 '에너지 방출'이라고 한단다.
빠샤!
이때 그 물체의 온도에 맞는 빛이 방출돼.
빠샤!
아자라 챠빠샤 라바랍!
높은 온도
더 높은 온도
1893년 독일의 물리학자 빌헬름 빈은 이와 관련해서 아주 중요한 발견을 했어.
첫 번째, 어떤 온도에서든지 물체는 여러 가지 파장의 빛을 내지만 특정한 파장의 빛이 가장 세게 나온다.
가장 강한 파장이 나를 표현한다!
두 번째, 가장 강한 빛의 파장은 물체의 종류에 상관없이 온도에 의해 결정된다.

조… 좀 어렵지?
쉽게 설명해 주마.
멍~~~~
쇠를 예로 들어 볼까?
딱
쇠의 온도가 낮을 때는 가장 강한 빛의 파장이 우리 눈에 보이지 않는
적외선 영역에 있어. 그래서 빛을 내지 않는 것처럼 보이지.
헤~.
훌쩍
10⁻⁵nm 10⁻³nm 1nm 10³nm 10⁶nm 1m 10³m
감마선 X선 자외선 적외선 마이크로파 라디오파
가시광선
그런데 온도가 올라가면 가장 강한 빛의 파장이
점점 짧은 쪽으로 옮겨 가고 결국 진한 노란색으로 보인단다.
빠샤!
아뜨뜨!
10⁻⁵nm 10⁻³nm 1nm 10³nm 10⁶nm 1m 10³m
감마선 X선 자외선 적외선 마이크로파 라디오파
가시광선

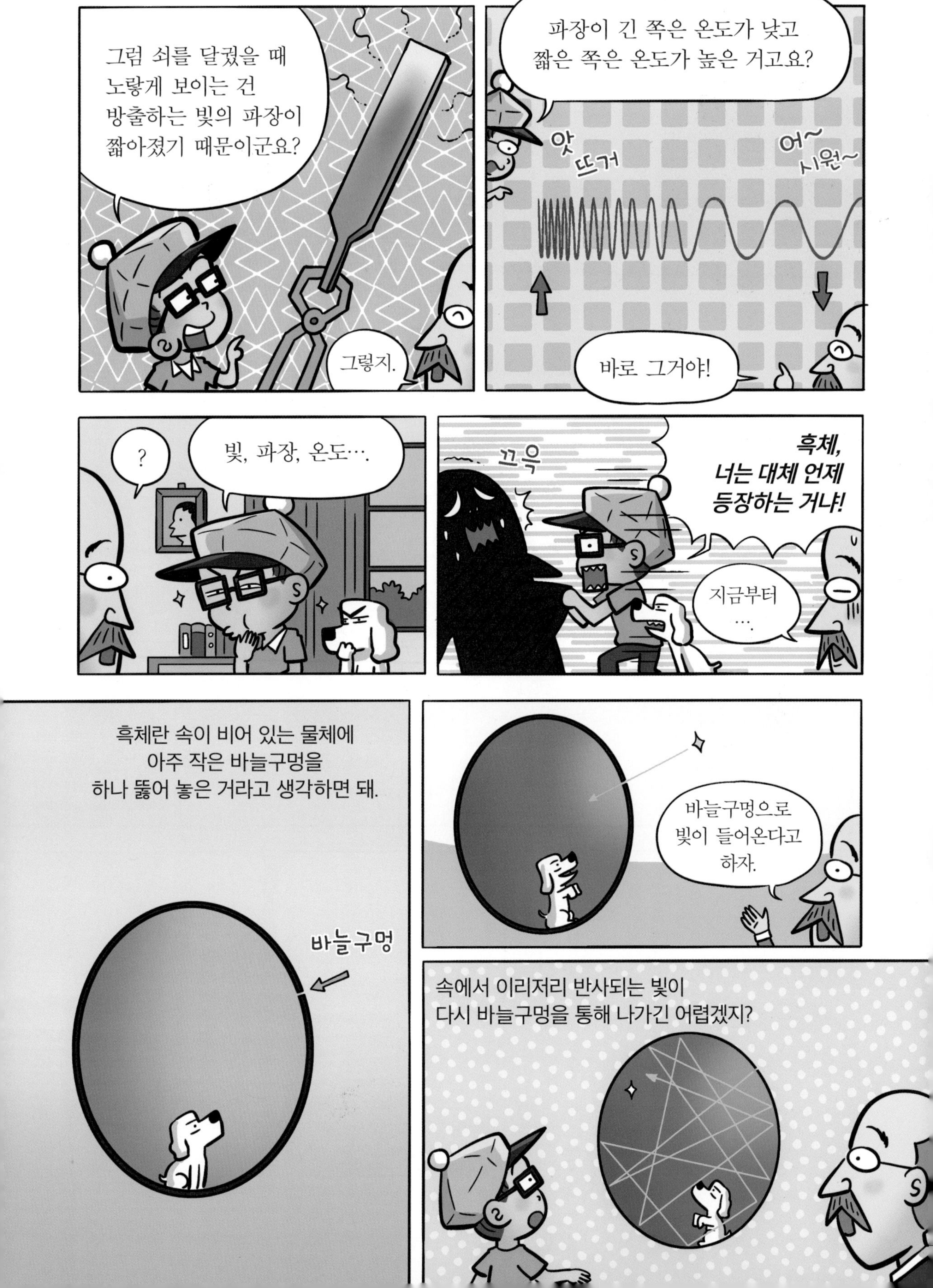
그럼 쇠를 달궜을 때
노랗게 보이는 건
방출하는 빛의 파장이
짧아졌기 때문이군요?
그렇지.
파장이 긴 쪽은 온도가 낮고
짧은 쪽은 온도가 높은 거고요?
앗 뜨거
어~ 시원~
바로 그거야!
?
빛, 파장, 온도….
끄윽
흑체,
너는 대체 언제
등장하는 거냐!
지금부터
….
흑체란 속이 비어 있는 물체에
아주 작은 바늘구멍을
하나 뚫어 놓은 거라고 생각하면 돼.
바늘구멍
바늘구멍으로
빛이 들어온다고
하자.
속에서 이리저리 반사되는 빛이
다시 바늘구멍을 통해 나가긴 어렵겠지?

그러면 이 물체는 빛을 흡수하기만 하는 검은 물체가 되지.
이것을 흑체라고 한단다.
그럼 흑체는 영원히 빛을 내지 못하는 처지인가요?
부럽다
음하하
불쌍해….
아니, 꼭 그렇지만은 않아.
흑체도 계속 빛을 흡수하다 보면 결국 작은 바늘구멍으로 빛을 방출하게 되겠지!
앗, 내게도 빛이!
그런데 그 흑체에서 나오는 빛은 흑체의 재료와는 아무 관련이 없고…
…….
오직 흑체의 온도에 따라 결정된단다.
빛은 내 마음(온도)의 표현….
파장
빌헬름 빈이 주장한 것과 딱 들어맞는 결과야.
내가 뭐랬어?

그럼,
어떤 빛이 나오는지
알면…
감마선
X선
자외선
적외선
마이크로파
라디오파
흑체의 온도를
알 수 있다는 거네요?
그렇지!
나
뜨거워?
최근 흑체 연구를 통해
얻은 중요한 결론은
두 개!
온도가 올라갈수록
빛의 에너지(세기)는
커지고, 파장은
짧아진다!
T=5500K
온도
T=5000K
T=4500K
T=4000K
T=3500K
빛의 세기 (단위: 나노미터당 킬로줄)
0
200
400
600
800
0
500
1000
1500
2000
파장의 길이 (단위: 나노미터)
물체의 종류와 관계없이 온도에 의해
파장이 결정된다는 빈의 주장은
짧은 파장에서는 잘 들어맞았는데…
그렇지!
아쉽게도 긴 파장의 빛에서는
잘 들어맞지 않았단다.
앗!
뭐가 문제지?

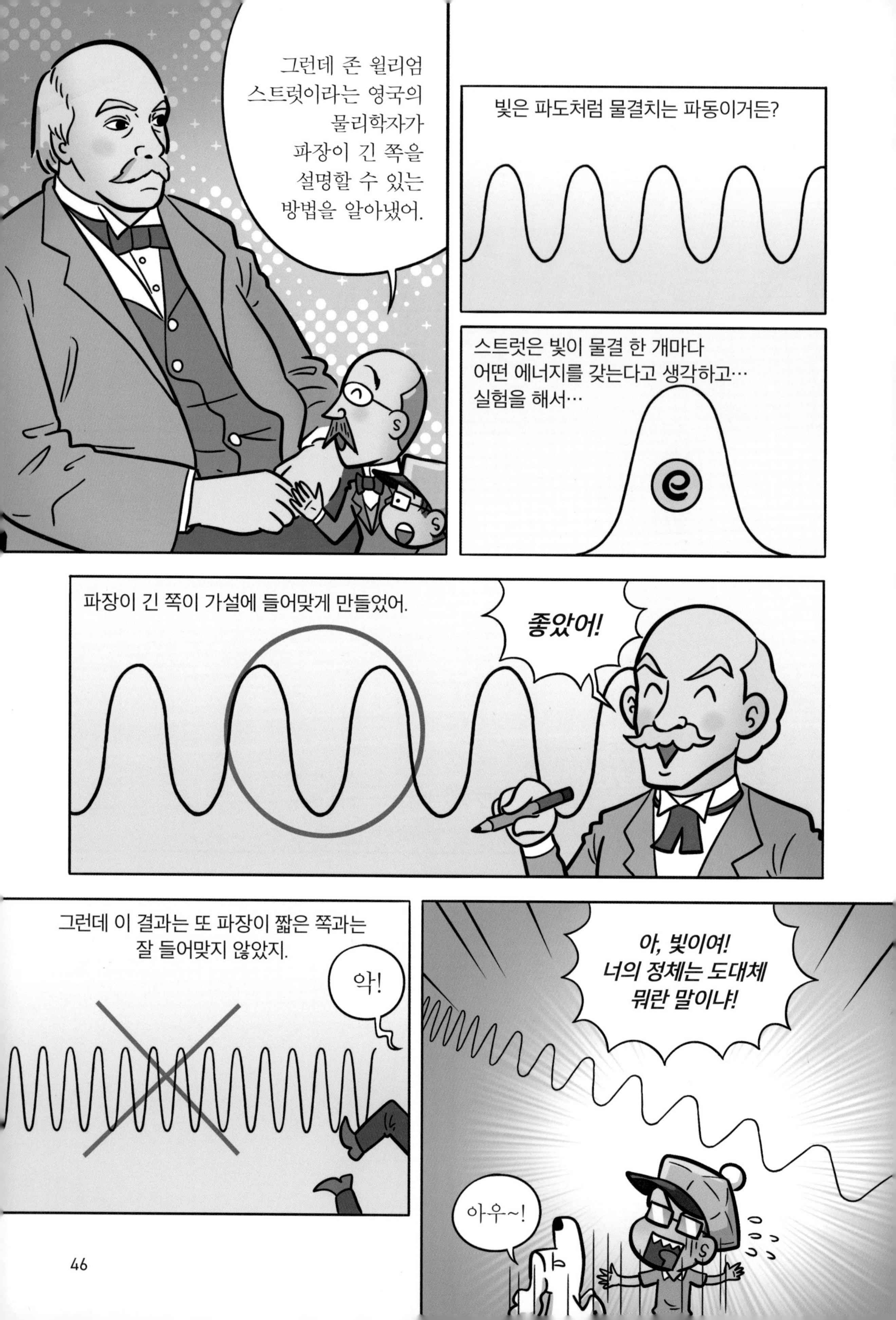
그런데 존 윌리엄
스트럿이라는 영국의
물리학자가
파장이 긴 쪽을
설명할 수 있는
방법을 알아냈어.
빛은 파도처럼 물결치는 파동이거든?
스트럿은 빛이 물결 한 개마다
어떤 에너지를 갖는다고 생각하고…
실험을 해서…
e
파장이 긴 쪽이 가설에 들어맞게 만들었어.
좋았어!
그런데 이 결과는 또 파장이 짧은 쪽과는
잘 들어맞지 않았지.
악!
아, 빛이여!
너의 정체는 도대체
뭐란 말이냐!
아우~!

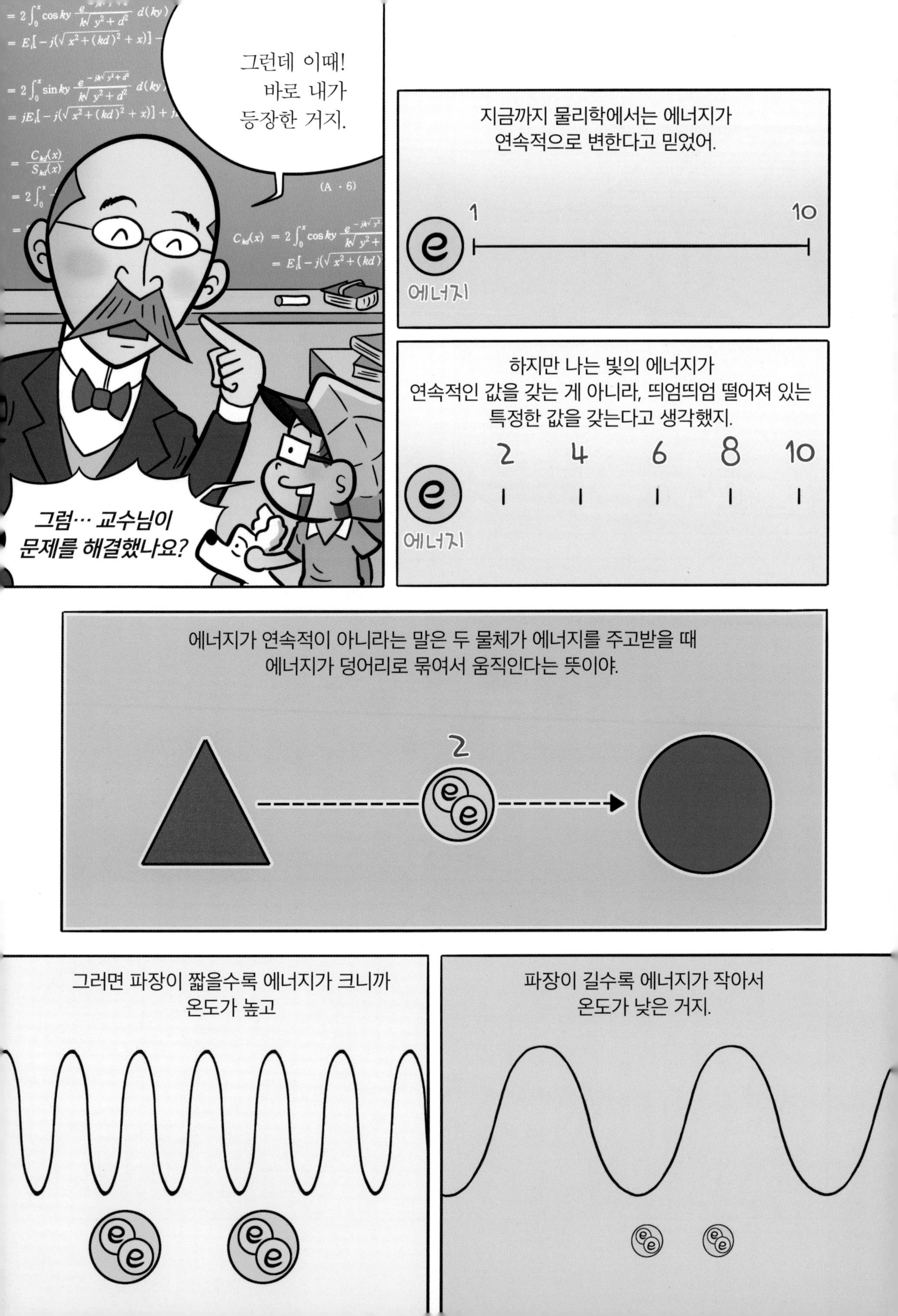
그런데 이때! 바로 내가 등장한 거지.
그럼… 교수님이 문제를 해결했나요?
지금까지 물리학에서는 에너지가 연속적으로 변한다고 믿었어.
1
10
에너지
하지만 나는 빛의 에너지가 연속적인 값을 갖는 게 아니라, 띄엄띄엄 떨어져 있는 특정한 값을 갖는다고 생각했지.
2 4 6 8 10
에너지
에너지가 연속적이 아니라는 말은 두 물체가 에너지를 주고받을 때 에너지가 덩어리로 묶여서 움직인다는 뜻이야.
2
그러면 파장이 짧을수록 에너지가 크니까 온도가 높고
파장이 길수록 에너지가 작아서 온도가 낮은 거지.

이렇게 생각하면 모든 파장의 빛을 설명할 수 있단다.
으으~, 알 듯 말 듯 어려워~.
빛 자체는 연속적인 파동이므로
연속적
빛이 나르는 에너지가 연속하지 않다는 게 이상해.
이상해….
띄엄
띄엄
불연속
하지만 빛의 원인인 흑체 입자들의 진동이 불연속적으로 일어난다고 생각하면
내 생각은 아주 훌륭한 결과를 낳는단다.
불연속적인 진동이 띄엄띄엄한 값의 에너지를 가진 빛을 만들어 내는 거지!
연속적인 파동이 불연속적인 에너지를? 그게 무슨 소리야?
빛은 정말 알쏭달쏭해.

궁금한 게 있으면 이 수첩을 보렴. 내가 한 이야기들이 요약되어 있단다.
감사합니다만, 제가 이해할 수 있을까 모르겠네요….
양자역학의 '양(量)'은 에너지 덩어리라는 뜻인가 보다….
쿠아아...
펑
펑
펑
저 노란 불빛도 물체가 내는 강한 빛의 파장이겠지….
뭐?
불연속적인 에너지를 갖는 빛 말이야….

3화
감자도 빛도 알알이
자, 자! 내가 먼저 줄기를 걷어 낼 테니까 너희들은 뒤따라오면서 감자를 캐거라!
아빠는 할아버지 댁에만 오면 완전 '노동 모드'야.
휙 휙
호미 들고… 무서워….
그래도 오빠 같은 '방콕 모드'보다는 백 배 낫지.
자연을 좀 즐기라고!
슥
야 야!
그럼 우리 누가 더 큰 감자를 캘지 시합할까?
좋았어! 막 캐!
결국 '시합 모드'인가….
파
팍

꺄악!
땅속에서
왕지렁이가…!
ㅋㅋ
팍
오잉?
아
우앗,
내 머리보다
큰 감자다!
내가 1등!
콰
누가
1등이래?
둥
말도
안 돼!
만화잖아.
하하,
이건 눈사람
닮은 감자네.
하하, 나는 자동차
닮은 감자야!
어이가
없네

우헤헤~,
이번에는 공룡 같은
감자!
뿨~!
홍 작가님,
이건 너무
심하잖아요!
만화는 상상력이
핵심이란 말이야.
그냥 즐겨.
앵
좋아요, 그럼
이왕 하는 김에
갈 데까지
가 봐요.
갈 데까지?
오호, 좋아!
킥 킥
슥슥
푸
악
뽀떼또~!
꽥!
감자
몬스터들의
습격이다!
뽀떼,
뽀떼~!
뽀떼또 칩
맛있다!
구마
구마~!
감자가
하는 일에
끼지 마
고구마!
막장이군

구마구마!
감자 공화국과 고구마 월드 사이에 전쟁이 벌어졌다!
내 맘이야.
이건 상상력이 아니라 황당한 거라고요.
치이익
♬
얘들아, 새참 먹고 하거라.
할머니, 할아버지!
새참이다!
와, 맛있겠다!

와구 와구
쩝 쩝
체하겠다. 천천히 먹거라.
아버지도 참 대단하세요. 평생 물리학 연구만 하시던 분이 시골에서 농사지으며 사시다니….
할 만큼 했으니 자연으로 돌아가야지.
이것 보세요, 할아버지! 할아버지 머리만큼 큰 감자를 캤어요!
할아버지 머리도 큰데 그것보다 더 커요! 놀랍죠?
번쩍
굳이 강조해 줘서 참 고맙구나.
앵
!
무당벌레!
탁

팍
아~,
또 왜 이러는 거지?
민서 얼굴이…!
팍
!
앵
아, 진짜
미치겠네!
민서는
왜 자꾸…!
앵
?
민서?
민서 언니가 뭘?
아, 아냐.
아무것도….
뙤약볕에 너무
오래 있었나 보다.
그늘에 가서
좀 쉬자꾸나.

할아버지가 퀴즈 하나 낼까?
좋아요!
감자는 다음 중 어느 식물 부류에 속하는지 알아맞혀 보세용~.
1. 고구마
2. 당근
3. 토마토
4. 양파
촤
악
정답! 고구마!
재 또 몰입했다.
컥
당근?
땡!
급좌절
땡!
그럼 양파?
땡!
급화색

아…
그럼 정답이 뭐지?
너무 어려워!
왜 고민하지?
하나밖에
안 남았는데….
그럼 토마토…?
딩동댕!
말도 안 돼요!
모양도 색도
전혀 다른데!
하나는
흙 속에 있고
하나는 밖에
열리는데!
척
척
토마토와 감자는 모두 가짓과에 속하는
작물이거든.
우린 모두
가족이라고.
하하
미안
나도
꽃 모양도 많이 비슷하고 열매가 자라는 방식도
비슷하지.
감자 꽃
토마토 꽃
자, 정답을 맞혔으니
선물을 줄게.
눈 감고, 아~.
아~!

아!
척
척
나도
음~, 맛있다. 오징어인가? 쥐포 같기도 하고.
질겅
질겅
황소개구리 말린 거란다.
꾸웩!
?
아, 정말 좋다!
별이 정말 많아.
도시에서 볼 수 없는 장면이야.
강처럼 하늘을 가르는 저 하얀 줄기가 은하수야.
은하수? 그럼… 견우와 직녀는 어디 있죠?
저기 있잖아.

견우는 독수리자리의
알파별 '알타이르'고…
알타이르
(견우성)
베가
(직녀성)
직녀는
거문고자리의 알파별
'베가'를 뜻하지.
별 찍는 거
되게 어려워.
노출 시간을
잘 맞춰야 해.
찰칵
찰칵
에이, 정말
하나도 안 나왔네!
아인슈타인,
잘 좀 찍어 봐!
아인슈타인…?
디지털카메라에
이름을 붙였거든요.
아인슈타인이라고….
오호!
이름 참 잘 붙였구나.
실은 디지털카메라를
만들 수 있게 된 것도
아인슈타인 덕분이지.
오!

아인슈타인이 광전 효과의 원리를 밝혀낸 덕분이거든.
광전 효과가… 뭔데요?
광전 효과란 금속에 빛을 쬐였을 때 금속에서 전자가 튀어나오는 현상이야.
디지털카메라 안에는 '전하 결합 소자'라는 부품이 들어 있어.
빛이 렌즈를 통해 들어와 전하 결합 소자에 닿으면 전자가 튀어나오고
그 전자 때문에 전류가 흐르게 되지.
전하 결합 소자
전자
조리개
렌즈
셔터
그걸 전기 신호로 바꾸어 영상을 만드는 것이 바로 디지털카메라야.
디지털 데이터 변환
A/D
메모리 카드
셔터
그래픽 파일 저장
오~, 그렇게 깊은 뜻이!
구체적인 원리는 봐도 잘 모르겠지만….
팍
앗!
뭐지? 정전?

초가
어디 있지?
랜턴,
랜턴!
여기 있다!
팟
꾸아악!
그만해, 눈 부셔.
빛과 얼굴이 합쳐지니
추남이 등장하더라,
크크!
정다운,
너 말 다 했….
아빠한테
추남이라고 해서
벌 받은 건가….
쿠아아…
1905년 스위스 특허청 사무소

으흥,
오홍~.
헉! 저
아저씨는….
톡 톡
엥? 지금 한창
사고 실험 중인데
웬 방해냐?
사고…
실험
이요
그래!
머릿속으로
하는 실험
말이다!
어린아이가
특허청에는
왜 온 거지?
설마… 특허 신청하러
온 건 아니겠지?
여긴 특허청!
그렇다면 저 사람은
아인슈타인!
아뇨, 디지털카메라…
아니, 광전 효과에 대해
궁금한 걸
여쭤 보러 왔어요!
!
오, 놀랍구나.
너 같은 아이가
광전 효과를
다 알다니!

나도 지금 플랑크 교수의 이론을 이용해 광전 효과를 어떻게 설명할 수 있을지 고민하고 있었단다.
!
지난번에 만났던 막스 플랑크!
Wavelength for Maximum Intensity
966 nm (IR)
724 nm (Red)
지금으로부터 5년 전인 1900년…
독일의 막스 플랑크 교수는 흑체 복사를 연구하면서 빛과 에너지에 대해 고민했지.
나도 그분 옆에 있었지요
나도
흑체에서 나오는 전자기파가 연속적인 값을 갖는 게 아니라
어떤 단위 값의 배수인 특정한 값만 가진다고 생각했지.
1 2 4 6 8 10
지난번에 교수님이 했던 말!
에너지 덩어리!

양자 가설 말이죠?
헉! 그걸 꼬마인 네가 어떻게?
양자 가설은 물체가 에너지를 주고받을 때 어떤 에너지 덩어리가 묶여서 전달된다는 것….
너, 대체 뭐하는 애냐!
그래, 맞다! 플랑크 교수는 물체를 이루는 원자나 분자의 진동 에너지가…
덩어리로 존재하기 때문에, 원자나 분자가 진동해서 나오는 빛도 띄엄띄엄한 값의 에너지를 갖는다고 생각했지.
그런데 나는 빛이 가진 에너지 자체가 덩어리가 될 수밖에 없다고 생각했어.
더 이상 분해할 수 없는 최소 단위의 입자 말이다!
입자!

난 이걸 광양자 가설이라고 부르고 있단다.
입자
빛
막스 플랑크는 빛이 에너지 덩어리를 갖는 파동이랬는데,
아인슈타인의 생각은 조금 다른가 봐.
1887년 독일의 물리학자 헤르츠가 전자기파 실험을 하다가 광전 효과에 대한 몇 가지 흥미로운 사실을 알아냈어.
오옷!
금속판에 빛을 쬐이면 전자가 튀어나오는데
팟
이 튀어나온 전자를 광전자라고 해.
미칠 광(狂)이 아니라 빛 광(光)!

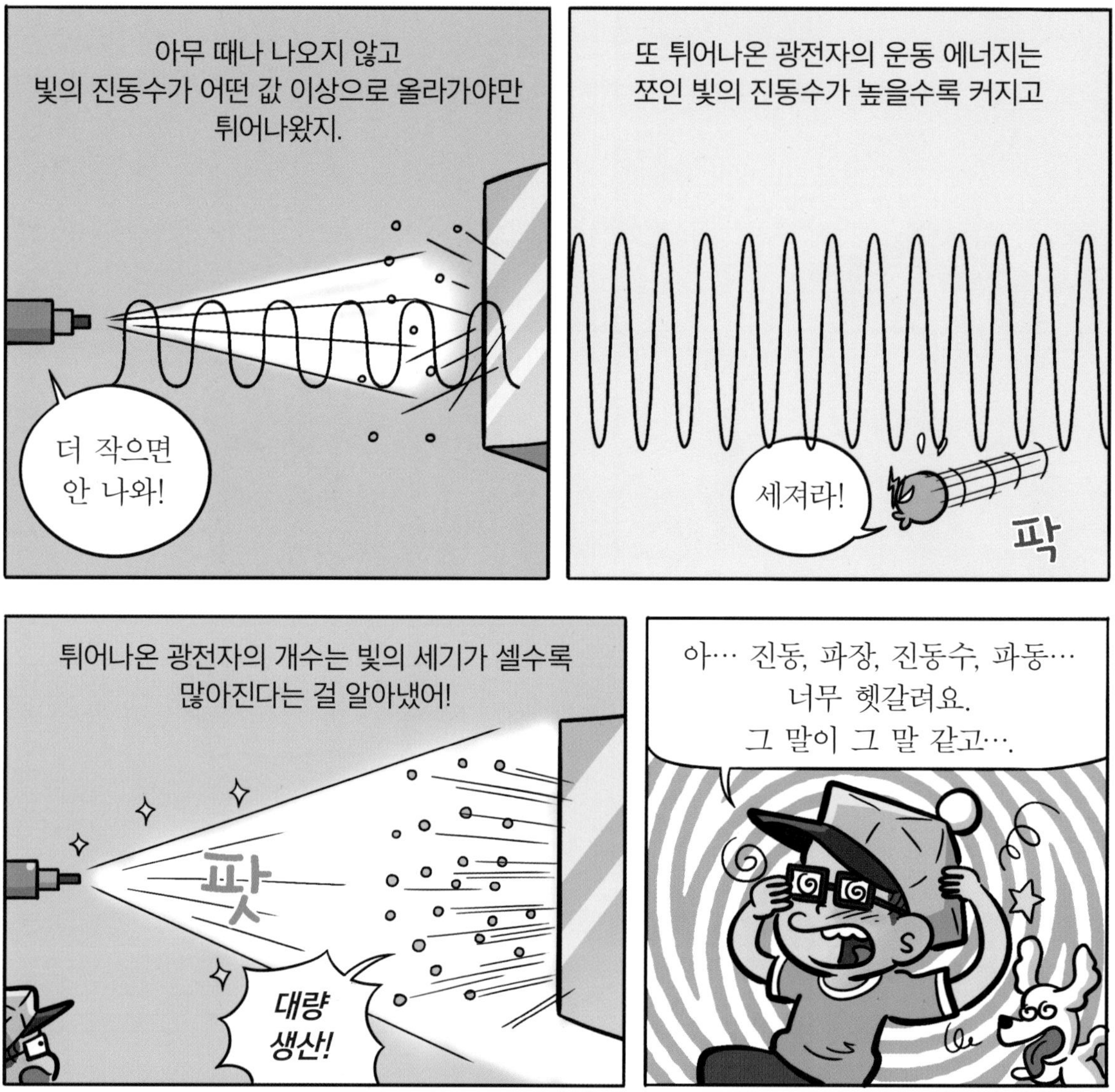
아무 때나 나오지 않고
빛의 진동수가 어떤 값 이상으로 올라가야만
튀어나왔지.
더 작으면
안 나와!
또 튀어나온 광전자의 운동 에너지는
쪼인 빛의 진동수가 높을수록 커지고
세져라!
팍
튀어나온 광전자의 개수는 빛의 세기가 셀수록
많아진다는 걸 알아냈어!
팟
대량
생산!
아… 진동, 파장, 진동수, 파동…
너무 헷갈려요.
그 말이 그 말 같고….

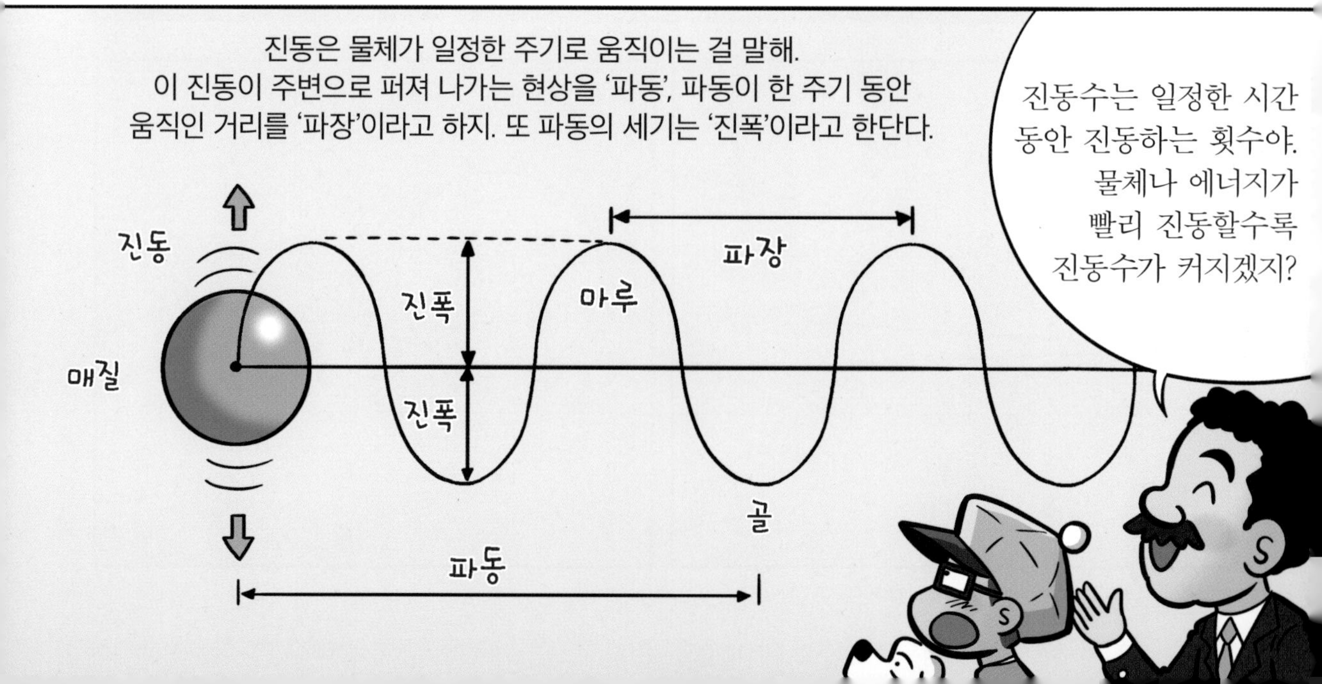
진동은 물체가 일정한 주기로 움직이는 걸 말해.
이 진동이 주변으로 퍼져 나가는 현상을 '파동', 파동이 한 주기 동안
움직인 거리를 '파장'이라고 하지. 또 파동의 세기는 '진폭'이라고 한단다.
진동수는 일정한 시간
동안 진동하는 횟수야.
물체나 에너지가
빨리 진동할수록
진동수가 커지겠지?
진동
매질
진폭
진폭
마루
파장
골
파동

그런데 빛이 파동이라면 광전 효과를
설명할 수 없어.
그래서 나는 빛이 광자라는
입자의 흐름이라고 생각해.
광자 하나하나의 에너지는
빛의 진동수가 높을수록 커지고
광자의 개수가 많을수록
빛의 세기가 강해지는 거야!
이게 바로
광양자 가설이란다….
아인슈타인은
빛이 입자라고
생각했구나.
아, 하나 먹거라.
빛이 그 알사탕 같은 입자라고
생각하면서 말이다.
나도

주욱
추악
쫍쫍!
쭙쭙!
팍
휴, 불이 다시 들어왔다.
샤
아, 광명의 빛이여!
쩝쩝
빛이 없었으면 어떻게 살았을까?
어떻게 살기는… 이 우주에 생명이 존재할 수도 없지.

아인슈타인은 빛을 입자의 흐름이라고 했잖아요.
헉! 대단한데?
너 지금 먹고 있는 사탕 뭐야?
하지만 빛은 입자와 파동의 성질을 다 갖고 있는 거 아닌가요?
헉, 우리 아들이 지나치게 똑똑해졌어!
아니야
내 가방에서 꺼내 먹었지? 이리 왓!
우리가 현실에서 느끼는 것과 전혀 다른 세계가 있는지도 몰라.
아인슈타인이 준 거라고!
도둑놈!
저 빛 속에 그 입구가 있을 거야!

꽈라라라라라!
4화
화장실의 시간은 거꾸로 간다?
우르릉, 쾅!
벌떡
헉 뭐야 천둥인가?
으아, 도저히 못 참겠다!
벌떡
?
탁
이런, 감자전을 너무 많이 먹더라니….
혼자서 다 먹어 치운 죗값이다!

쾅
펑
우루루
푸콰콰
와, 신기하다! 폭탄 터지는 소리가 나!
아니, 이 새벽에 대체 무슨 일이니?
다운이가 배탈이 났는지 설사를 하네요. 감자전을 너무 많이 먹었나 봐요.
어머, 내가 감자전을 너무 맛있게 만들었나?
다운이 상태가 좋지 않으니 어서 약을 가져옵시다!
쾡
어, 나온다!
들어갈 땐 빛돌이, 나올 땐 폭삭 늙은 달팽이~.
흐물
흐물
꼴랄
랄
랄
헙!

탁
우당탕
투투투!!!
피해
피융 피융
김중사님~!!
하하! 거의 전쟁이네!
웃지 마! 오빠가 아픈데 웃음이 나오냐.
아들, 괜찮음?
설사가 빛의 속력으로 나와요….
헐
츠팟!
빛의 속력이 얼만지나 알고 하는 소리냐?
그럼요, 1초에 30만 km. 지구를 1초에 7바퀴 반 도는 속력이죠.
오! 그럼 빛 하면 가장 먼저 떠오르는 과학자는?
지금 상황에서 꼭 대답해야 해요? 아인슈타인!
오~!
혼 빠진 애한테 뭘 묻는 거예요?
이유는?
금속에, 윽! 빛을 쬐여 주… 주면, 전자가 나오는 광전 효과… 악!
와오!

와하하! 얘가 급성 설사를 하더니 뇌가 깨어났나 봐!
오빠가 아픈데 웃음이 나오세요?
아인슈타인은 빛이 연속적인 파동의 흐름이 아니라 광자라는 입자의 흐름이라고 생각함으로써 광전 효과를 성공적으로 설명했대요.
광자 하나하나의 에너지는 빛의 진동수에 의해 결정되고…
THz
THz
빛의 세기는 광자의 개수와 같다고 생각한 거죠.
이게 바로 '광양자 가설'이죠 오오오오….

그래, 막스 플랑크의 양자론을 발전시키고 양자역학을 완성하는 데 큰 공을 세운 게 바로 아인슈타인의 광양자 가설이지.
광양자 가설
양자역학
양자론
기특하구나, 우리 손주… 정말 대단해!
감자전 먹은 양도 대단해!
당시 사람들은 대부분 빛이 파동의 성질을 가진다고 생각했지.
하지만 광전 효과를 제대로 설명하려면 빛이 입자의 성질을 가져야 했어.
빛
이때부터 빛이 이중성, 즉 입자와 파동의 성질을 동시에 가지고 있다고 생각한 거야.
맞아요… 입자와 파동의 결합….

주욱
주섬 주섬
난! 설사 중! 이라고! 자비도 배려도 없는 시간 이동 같으니!
밑은 잘 닦았겠지?
다시 1905년 스위스 특허국 사무소
어? 특허국에 다시 왔잖아.
아인슈타인도 그대로….
아인슈타인 아저씨, 안녕하세요. 또 뵙네요.
헉, 깜짝이야!
너… 몰골이 왜 그러냐? 떠돌이니?
아니… 배탈이 나서…
그리고 난 널 만난 기억이 없는데…?

이상하다…
막스 플랑크처럼
아인슈타인도
날 기억하지 못해….
시간 이동에는 역시
제한이 있는 건가?
혹시 특허
신청하려면 서류부터
작성하거라.
저희는… 특허
신청하러 온 게
아니고요….
이왕 온 거
특허 신청해!
시간 이동
특허!
헥
헥
자꾸 실실
웃지 마!
!
왜
그러니…?
화, 화장실이
어디죠…? 끄헙!
또!
저쪽이다!
샤
샥
탁
설사 잘 하기도
특허가 될까나…

10분 후
으~, 이젠 불쌍해서 못 봐 주겠다!
흐느적
흐느적
헉! 우울한 달팽이가 되어 나왔네.
몸이 많이 안 좋아 보이는구나. 병원에 데려다줄까?
아니에요… 이젠 더 이상 나올 것도 없어요….
무서워…
그럼 어서 집으로 가거라. 난 사고 실험을 좀 더 해야 해.
지금… 상대성 이론에 대해 생각하는 중이란 말이다!
특수 상대성 이론의 그 상대성요?
어, 그래! 특수 상대성 이론! 특수를 붙이니까 내 이론에 딱 어울리는데?
팍
너 혹시 내 머릿속에서 나왔니? 대단하구나!
오옷! 건들지 마요. 쌀 것 같아요!
어, 미안….
그나저나 특수 상대성이란 게 뭔가요…?

특수 상대성 이론의 원리는 간단해.
어떠한 상황에서도 빛의 속력은 일정하다!
광속 불변의 법칙!
자신이 초속 10만 km로 달리는 기차 속에 있다고 생각해 보렴.
기차가 어둠을 헤치고 은하수를 건너면~
빠앙
은하철도 999~
우와, 엄청나게 빠르겠다!
그런데 그와 동시에 빛이 같은 방향으로 초속 30만 km로 달리고 있어.
10만 km/초
30만 km/초
팟
그렇다면 네가 본 빛의 속력은 얼마일까?
…

음…
초속 30만 km - 초속 10만 km
= 초속 20만 km!
10만 km/초
30만 km/초
빛이 초속 20만 km로
달리는 것처럼 보이겠죠.
땡
팟
그렇지 않아!
빛은 여전히
초속 30만 km로
달리는 것처럼
보인다!
말도 안 돼!
탁
그럼, 질문
하나 더!
뭐여?
만약 기차가
빛과 반대 방향을 향해
초속 10만 km로 달린다면
네가 본 빛의 속력은 몇일까?
…….
빠앙
10만 km/초
팟
30만 km/초

그렇다면
초속 10만 km + 초속 30만 km = 초속 40만 km!
내 속력에 빛의 속력을 더해야….
결론은 초속 40만 km….
때….
…라고 생각되지만!
끼익
빛은 여전히 초속 30만 km로 달린다는 거죠?
딩동
댕동
그래, 그게 바로 광속 불변의 법칙이야.
그 어떤 상황에서도 빛의 속력은 항상 초속 30만 km!
나 고집 있는 놈이야!
팟
한번 30만 km는 영원한 30만 km!
네~, 네. 맞습니다! 한번 해병은 영원한 해병입니다!
팟
역시 빛은 절대 지존인가!
나는 관대하다!
짱짱맨?

초등학생을 위한 양자역학 ②

과학자 캐릭터 카드

한 장씩 떼어서
사용하세요.

요한 발머

11

스위스의 물리학자(1825~1898)
수소 원자의 가시광선 영역 선 스펙트럼의 규칙성을 발견하여 '발머 계열'로 정리했다. 나중에 보어가 발머 계열을 사용하여 새로운 원자 모형을 만들었다.

점수 2300

13번 라이먼 카드와 조합 가능

시어도어 라이먼

13

미국의 물리학자(1874~1954)
수소 원자의 자외선 영역 선 스펙트럼의 규칙성을 발견하여 '라이먼 계열'로 정리했다.

점수 2100

11번 발머 카드와 조합 가능

조지프 톰슨

12

영국의 물리학자(1856~1940)
크룩스관의 (-)극에서 나오는 음극선의 정체가 전자라는 사실을 밝혀냈다. 이 실험 결과를 바탕으로 '건포도 푸딩' 원자 모형을 제안했다.

점수 3000

17번 채드윅 카드와 조합 가능

막스 플랑크

14

독일의 물리학자(1858~1947)
에너지가 매우 작은 덩어리 형태로만 흡수되고 방출된다는 '양자' 개념을 최초로 도입하여 흑체 복사 실험 결과를 성공적으로 설명했다.

점수 3200

19번 흑체 카드와 조합 가능

알베르트 아인슈타인

15

독일의 물리학자(1879~1955)
빛이 광자라는 입자의 흐름이라는 '광양자 가설'을 사용해 광전 효과를 성공적으로 설명했다. 상대성 이론을 만들어 새로운 시간과 공간의 개념을 내놓았다.

점수 3300

16번 콤프턴 카드와 조합 가능

KC마크는 이 제품이 공통안전기준에 적합하였음을 의미합니다.
어린이제품 안전특별법에 의한 기타표시사항
제품명 과학자 캐릭터 카드 | 제조자명 (주)북하우스 퍼블리셔스 | 전화번호 02-3144-3123
주소 04043 서울시 마포구 양화로 12길 16-9(서교동 북앤빌딩) | 제조년월 2024년 6월 1일 | 사용 연령 11세 이상

초등학생을 위한
양자역학

초등학생을 위한
양자역학

초등학생을 위한
양자역학

초등학생을 위한
양자역학

초등학생을 위한
양자역학

초등학생을 위한 양자역학 ②

과학자 캐릭터 카드

게임 방법은
책 195쪽을
참고하세요.

아서 콤프턴

16

미국의 물리학자(1892~1962)
X선이 흑연 입자와 충돌했을 때 파장이 길어지는 현상을 관찰했으며, 이 실험을 토대로 빛이 입자로 이루어져 있다고 주장했다.

점수	
2100	15번 아인슈타인 카드와 조합 가능

유카와 히데키

18

일본의 물리학자(1907~1981)
양성자와 중성자가 원자핵 속에서 서로 붙어 있게 하는 '중간자'의 존재를 예측했다. 양성자와 중성자가 서로 변하는 현상도 중간자 이론으로 설명했다.

점수	
3000	20번 글루온 카드와 조합 가능

흑체

19

모든 파장의 빛을 흡수하는 이상적인 물체
플랑크는 흑체 연구를 통해 에너지가 매우 작은 덩어리 형태로만 흡수되고 방출된다는 '양자' 개념을 최초로 도입했다.

점수	
500	14번 플랑크 카드와 조합 가능

제임스 채드윅

17

영국의 물리학자(1891~1974)
원자핵이 양성자뿐 아니라 중성자로도 이루어져 있다는 사실을 밝혀냈다.

점수	
2600	12번 톰슨 카드와 조합 가능

글루온

20

양성자
중성자

양성자와 중성자를 묶는 힘인 강력을 만드는 입자
양성자들끼리는 서로 반발하는데, 글루온이 만들어 내는 강력에 의해 반발력이 힘을 쓰지 못한다. 유카와가 처음으로 예측했다.

점수	
700	18번 유카와 카드와 조합 가능

KC마크는 이 제품이 공통안전기준에 적합하였음을 의미합니다.
어린이제품 안전특별법에 의한 기타표시사항
제품명 과학자 캐릭터 카드 | 제조자명 (주)북하우스 퍼블리셔스 | 전화번호 02-3144-3123
주소 04043 서울시 마포구 양화로 12길 16-9(서교동 북앤빌딩) | 제조년월 2024년 6월 1일 | 사용 연령 11세 이상

초등학생을 위한
양자역학

초등학생을 위한
양자역학

초등학생을 위한
양자역학

초등학생을 위한
양자역학

초등학생을 위한
양자역학

특수 상대성 이론은
빛의 속력이 일정한 상황에서
30만 km/초
모든 물체의 운동과 시간이 관찰자에 따라 상대적이라는 사실을 보증한다.
빛이 달리네.
고로 절대적인 운동과 시간은 없다는 이야기다.
혹시 수업은 시간이 늦게 가고…
게임하는 시간은 빨리 가는 것도 상대성…?
그건 아니야….
뉴턴이 주장했던 역학과는 전혀 다른 새로운 물리 법칙이란다.
뉴턴
저 사과는 누가 보든 정지해 있는 절대 공간 속에서 절대적으로 운동하며, 운동 시간도 절대적이다!
툭

아니에요. 사과의 절대적인 운동이란 없고, 사과가 운동하는 시간도 관찰자의 운동 상태에 따라 달라져요!
빛의 속력
툭
이런 말씀 이신가요?
바로 그거야!
뉴턴 아저씨가 이 사실을 알면 좀 아쉬워할 것 같은데요. 자신이 틀려서….
아니, 그 반대지!
우주의 법칙에 한발 더 다가갔다고 좋아할걸?
시익
척
특수 상대성 이론을 통해 세상을 보면 특이한 일도 일어난단다.
특수 상대성 이론

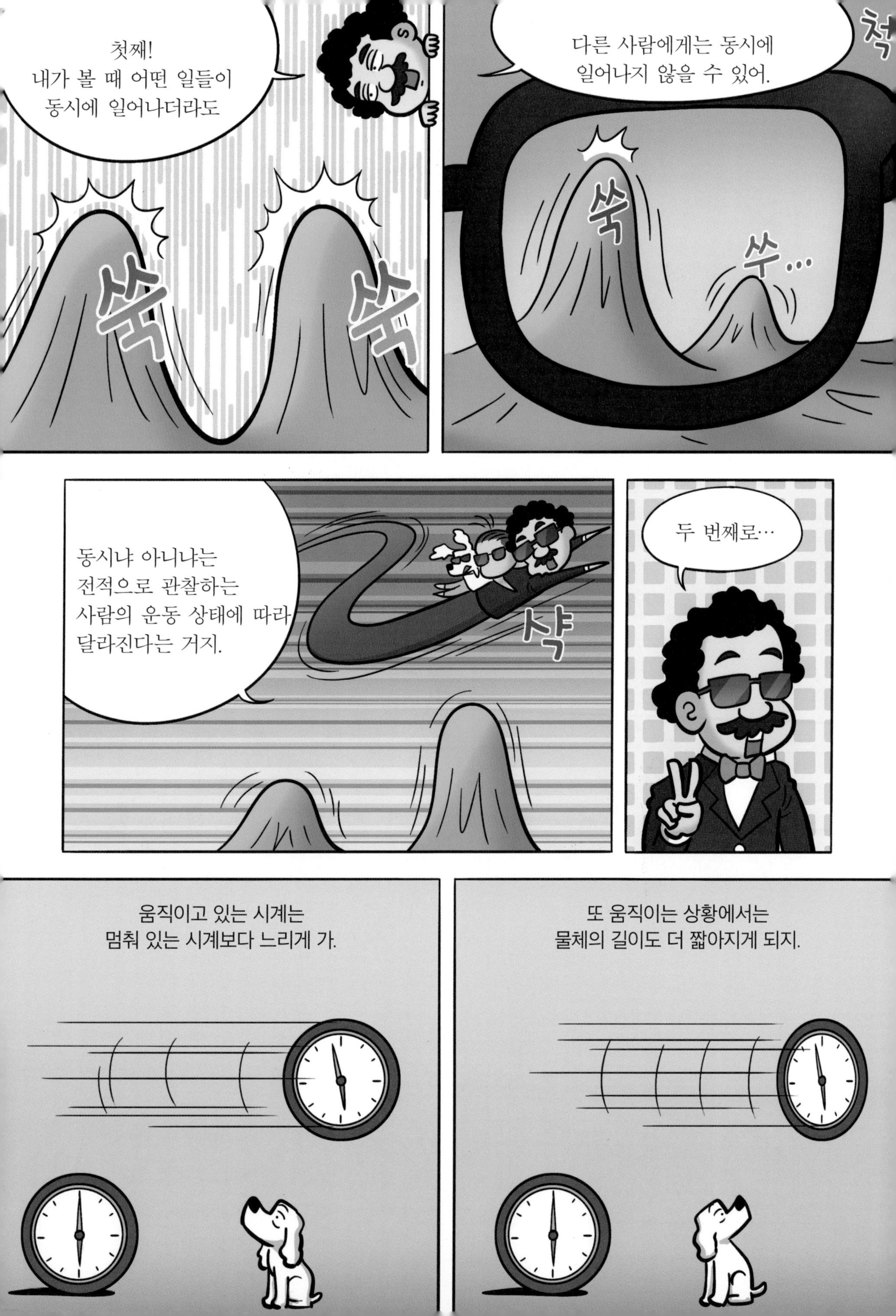

첫째!
내가 볼 때 어떤 일들이
동시에 일어나더라도
쑥
쑥
다른 사람에게는 동시에
일어나지 않을 수 있어.
척
쑥
쑤…
동시냐 아니냐는
전적으로 관찰하는
사람의 운동 상태에 따라
달라진다는 거지.
샥
두 번째로…
움직이고 있는 시계는
멈춰 있는 시계보다 느리게 가.
또 움직이는 상황에서는
물체의 길이도 더 짧아지게 되지.

아! 예전에 아빠랑 〈혹성탈출〉이라는 고전 SF 영화를 봤는데…
PLANET OF THE APES

빠른 속력으로 지구를 떠난 우주선이
콰아아
행성 탐사를 마치고 지구로 귀환했어요.

그런데 지구의 시간이 너무 많이 흘러서 가족도 다 죽고 나라도 사라졌죠.

게다가 원숭이들이 지구를 지배하고 있다는 영화였어요.

그래! 그걸 바로 '쌍둥이 역설' 이라고 한단다.

쌍둥이 중 한 명은 우주를 여행하고 다른 한 명은 지구에 남아 있다면, 둘이 서로 다르게 나이를 먹는다는 이야기지.
언니!
동생아, 왜 이렇게 늙었니?

아무튼 난 이런
특수 상대성 이론을
만들고 나서…
속력이
변하는 상황으로
확장할 거야.
좀 복잡하겠지만….
스스
슥
아, 일반 상대성 이론을
말하는 거구나!
쪼로록
어…
뭐 하세요?
몸에 좋은
차란다.
마시렴.
설사를 멈추는 데
도움이 될 거야.
고맙습니다~
호로록

주욱
오오, 이 차 괜찮다! 속이 편안해졌어!
좌아악
아인슈타인이 직접 차를 타 주다니 가문의 영광…
샥
쾅 쾅
얘가 왜 이렇게 안 나오는 거야! 다운아, 괜찮니? 대답 좀 해 봐!
팍
헉!
우울한 달팽이에서 사람으로 돌아왔네?
왜요? 무슨 일 있었나요? 우훗!

할아버지! 양자역학이랑 상대성 이론은 서로 어떤 관계가 있나요?
얘가 설사를 한바탕 하더니 갑자기 수준이 높아졌다.
그러게요… 설사와 뇌의 상관관계를 좀 연구해 봐야 할 것 같아요.
상대성 이론과 양자역학은 공통점이 하나 있지.
양자 역학
상대성 이론
뉴턴 고마워요. 덕분에 발전을…!
뉴턴의 고전역학을 뛰어넘어 새로운 물리학의 세계를 열었다는 점.
양자역학이 눈에 보이지 않는 아주 작은 미시 세계를 다루는 물리학이라면
상대성 이론은 아주 넓고 큰 세계, 즉 우주와 중력을 포함한 거시 세계를 다루는 물리학이라 할 수 있어.

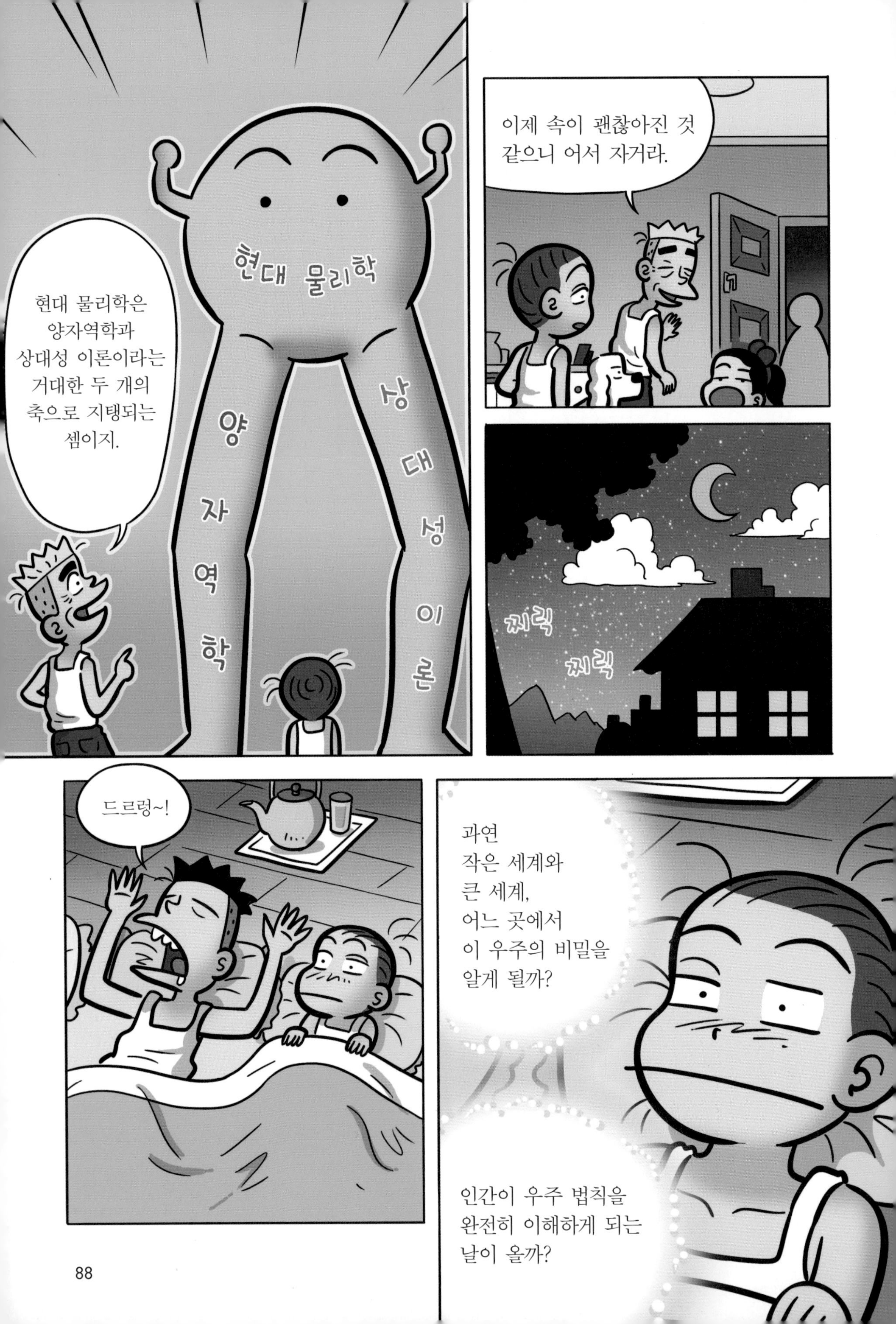

현대 물리학
현대 물리학은 양자역학과 상대성 이론이라는 거대한 두 개의 축으로 지탱되는 셈이지.
양자역학
상대성 이론
이제 속이 괜찮아진 것 같으니 어서 자거라.
찌릭
찌릭
드르렁~!
과연 작은 세계와 큰 세계, 어느 곳에서 이 우주의 비밀을 알게 될까?
인간이 우주 법칙을 완전히 이해하게 되는 날이 올까?

달그락
달그락
누… 구?
이게 다 오빠 때문이야. 잠이 깨니까 배가 고프잖아.
둥
확
헉!
냉장고를 뒤졌더니 감자전이 아직 많이 있더라고~. 잘 익은 김치랑 먹고 있는 중.
쩝
쩝
그… 그걸 다 먹을 거야?
쩝
낮에 자기만 다 먹고!
쩝
쩝
나도 먹을 권리가 있다고!
꽈르릉
우당탕
쿵 펑
와장창
또냐….
내 감자전이 그렇게 맛있나…
여보!

도전! 아인슈타인의 오엑스 퀴즈

❶ 아인슈타인은 빛이 광자라는 입자들로 이루어져 있다는 광양자 가설을 주장했다. ○ ✖

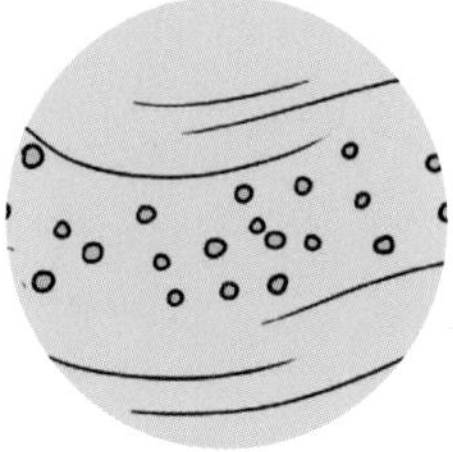

❷ 빛이 파동이라고 생각하면 광전 효과를 설명할 수 있다. ○ ✖

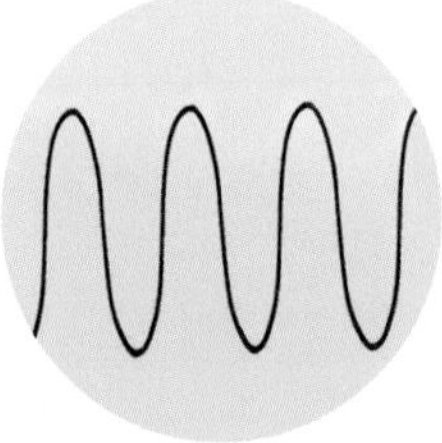

❸ 광양자 가설에 따르면 광자 한 개의 에너지는 빛의 진동수가 높을수록 작아진다. ○ ✖

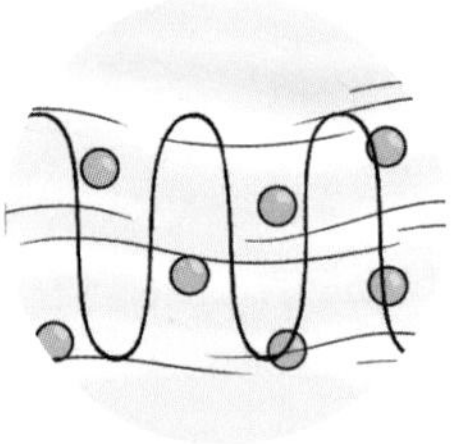

❹ 광양자 가설에 따르면 빛의 세기가 더 강해진다는 것은 광자의 개수가 더 많아진다는 사실을 의미한다. ○ ✖

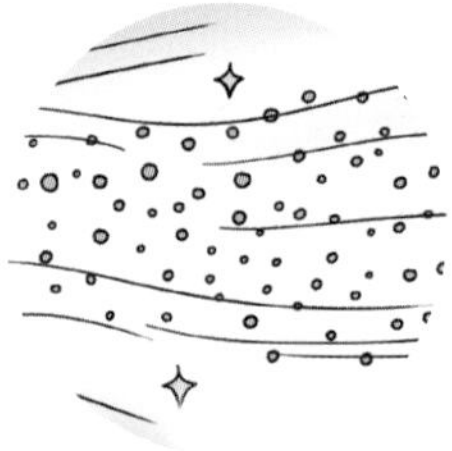

흠, 내가 만든 문제인데도 아리송하구만….

❺ 특수 상대성 이론의 기본 원리는 관찰자에 따라 빛의 속력이 변한다는 것이다. ○ ✖

❻ 내가 초속 5만 km로 달리는 기차 속에 있을 때, 같은 방향으로 초속 20만 km로 달리는 또 다른 기차의 속력은 초속 15만 km로 관찰된다. ○ ✖

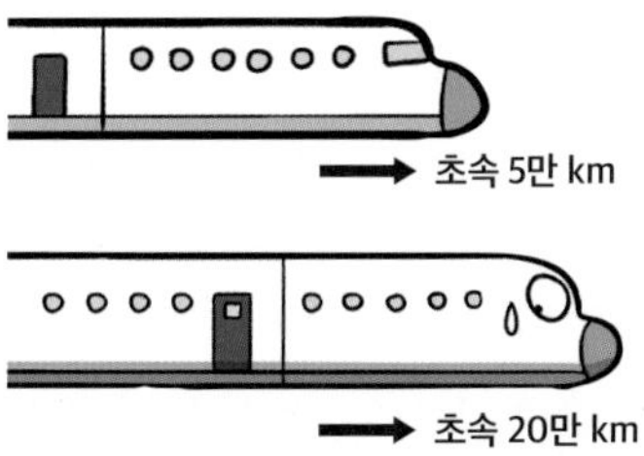

❼ 내가 초속 5만 km로 달리는 기차 속에 있을 때, 같은 방향으로 초속 30만 km로 운동하는 빛의 속력은 초속 25만 km로 관찰된다. ○ ✖

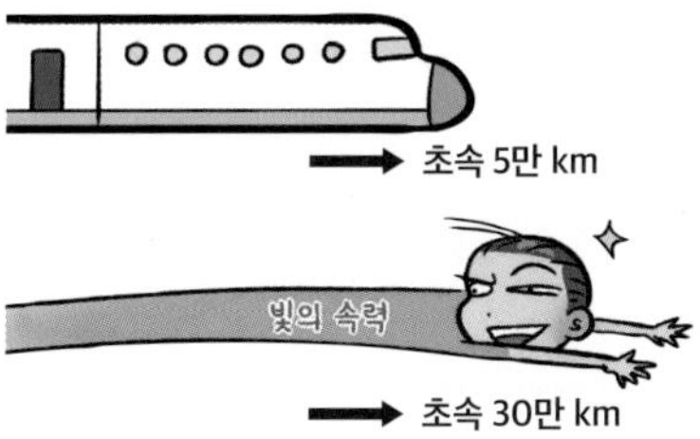

❽ 특수 상대성 이론에 따르면 내가 보았을 때 동시에 일어난 두 사건은 다른 사람에게도 무조건 동시에 일어난다. ○ ✖

정답은 194쪽

자…
이게 뭘까요?
와, 신기하다!
그림자 놀이요!
5화
쌍무지개 뜨는 언덕
유치하게 왜 애들이나 좋아하는걸….
너도 애잖아?
난 정신 연령이 높거든?
난 너희들과 달라
자, 자, 조용히!
그림자놀이를 할 수 있는 이유는 무엇일까요?

당연히 그림자죠!
그렇죠, 하지만 그림자가 있으려면…?
빛이 있어야죠!
딩동댕!
악!
나 완전히 새 됐어
틀린 건 잘못이 아니야….
ㅋㅋ
물체에 빛을 비추었을 때 그림자가 생기는 이유는
빛이 직진하는 성질을 갖고 있기 때문입니다.
만약 빛이 직진하지 않고 구부러지면 어떻게 될까요?
!
물체의 뒤까지 빛이 비칠 테니 그림자가 생길 수 없겠죠!
내 그림자를 돌려 줘!
확

새다!
멍청이다!
우리가 물체를 볼 수 있는 것도 물체에서 반사된 빛이 우리 눈에 들어오기 때문입니다.
확
오, 보름달!
네! 보름달이죠. 보름달은 스스로 빛을 낼까요?
아뇨, 태양빛을 반사하는 거잖아요.
네, 맞습니다!
봤냐? 메롱~.
반사.
반사! 반사! 반사!
사반사 반사반!
그만 좀….

만약 물체가 받은 빛을
반사하지 않고
모두 흡수하면
어떻게 보일까요?
네가 무슨 스펀지냐?
만약 사람이라면…
투명 인간?
사삭
익!
아뇨, 물체가
검게 보여요.
다운 학생
말이 맞아요.
파창
제발 그만
너희들 서로
좋아하는 거 아냐?
맞아, 다툼도
관심이라던데.
아니거든!
하여간… 이렇게 직진만 하는 빛이
때로는 꺾일 때가 있습니다.
툭
헉

예를 들면 신기루 같은 거예요.
사막의 신기루!
신기루는 빛이 똑바로 가지 않기 때문에 생기는 현상입니다.
찬 공기
실물
더운 공기
허상
뜨거운 지표면
물같이 보이는 반사면
물체 앞에 아지랑이가 생겨 물체를 제대로 볼 수 없는 현상도 같은 원리 때문에 발생하죠.
헉헉!
터벅
터벅
우헤헤, 오아시스다!
물!
물!
물!
물!
다
다
다
다

헥
헥
어, 이상하다? 오아시스가 왜 안 나타나지?
하하, 저기 있었네!
또 아니야!
켁
켁
켁
샤
야, 오아시스! 날 놀리는 거냐!
빛이 꺾여 생기는 착시 때문입니다!
상상했더니 괜히 목말라.
꿀꺽
꿀꺽
이렇게 빛이 어떤 물질을 지날 때 꺾이는 현상을…
굴절이라고 해요.
물질
아지랑이나 신기루는 굴절 때문에 생기는 현상입니다.
외계인 이다!
사람이야….

자,
이걸 보세요.
와,
정말
꺾여
보인다!
굴절이란 빛이
한 물질에서 다른
물질로 진행할 때
그 경계면에서
꺾이는 현상을
말합니다.
그럼 여기서 문제!
자세들이
왜 그러죠…?
문제를 접하는
우리의 마음가짐을
보디랭귀지로
표현한 거예요.
우리
과학반 애들
이상해….

그림처럼 공기에서 물속으로 빛이 진행하고 있습니다.
공기
물
①
②
③
그렇다면 빛은 ①, ②, ③ 중에서 어느 경로로 갈까요?
파창
정답은 2번입니다!
파창
이유는?
빛은 물속으로 들어가면 속력이 느려져요.
그래서 물속에서 거리가 가장 짧은 2번 길로 가는 게 가장 빠르죠.
①
공기
②
물
③
맞죠? 하하!
네, 맞아요.
우리 과학반 애들, 확실히 이상해….

빛은 가장 빠른 길을 선택해서 진행합니다.
이걸 '최소 시간의 원리'라고 하죠.
빛이 직진하거나 굴절하는 건 빛이 가장 빠른 길을 선택한 결과랍니다.
자, 다음은….
꾹!
와, 무지개다!

우리가 볼 수 있는 가시광선입니다.

빨주노초파남보… 내 마음 같은 무지개, 7개의 마음 모두 알록달록 빛나지.
욕심, 짜증, 허세, 두려움, 찌질함, 간사함, 거만함… 모두 7개.

아니거든? 기쁨, 긍정, 희망, 여유, 사랑, 배려, 화합이거든?
하여간 안 어울려. 무지개와 네 마음의 결합이라니….
안 어울려, 안 어울려….
화아악
주욱
이 시간 이동에 가장 안 어울리는 건 바로 나라고!
1871년 영국
여긴 또 어디냐….

비가 갠 하늘은 참 맑고 깨끗하구나.
그런데 왜 하늘은 빨갛거나 노랗지 않고 파란 걸까?
엇!
와, 무지개다!
꽥 깜짝이야!
너, 언제부터 거기 있었니? 기척 좀 하지….
그러는 아저씨는 누구세요?

나는 존 윌리엄 스트럿이라고 한다. 케임브리지 대학교에서 과학을 공부하고 있어.
이 동네에 사니? 못 보던 얼굴인데…
네, 얼마 전에 이사 왔어요.
나는 지금 왜 하늘이 파란지 생각하고 있었어.
낮에도 하늘이 검으면 이상하잖아요.
그런 엉뚱한 것 말고 근본적인 이유 말이다!
잠깐! 케임브리지 대학교라면 아이작 뉴턴이 나온….
톡
그래, 뉴턴이 바로 나의 선배님이지!
혹시 너… 무지개가 생기는 이유를 알고 있니?
음, 무지개는 색색별로 갈라진 가시광선이죠.
우리가 빛에 대해 빠삭해서 우훗
나랑 이야기가 통하는 아이군!

나의 대선배인 뉴턴 경은 가시광선에 여러 가지 색깔이 섞여 있다는 점을 알아내셨지.
일곱 빛깔 무지개~
빛이 프리즘을 통과하면 색깔에 따라 굴절되는 정도가 달라져 무지갯빛이 된다는 것!
꺾이는 각도가 다름!
비가 갠 직후에는 공기 중에 물방울들이 많이 떠 있지.
너무 작아 눈에 보이지 않을 뿐.
이 수많은 물방울들이 프리즘 역할을 하는 거야.
빛은 물방울 속으로 들어가며 굴절되지.
물방울
굴절
빛

굴절된 빛은 물방울 속에서
한 번 반사돼.

그 후 다시 공기 중으로 나올 때
또 한 번 굴절된단다.

화악
무지개가 두 개나 떴구나.
와, 쌍무지개다!

쌍무지개는
왜 뜨는 거죠?
자연도
일란성
쌍둥이를
낳는군.

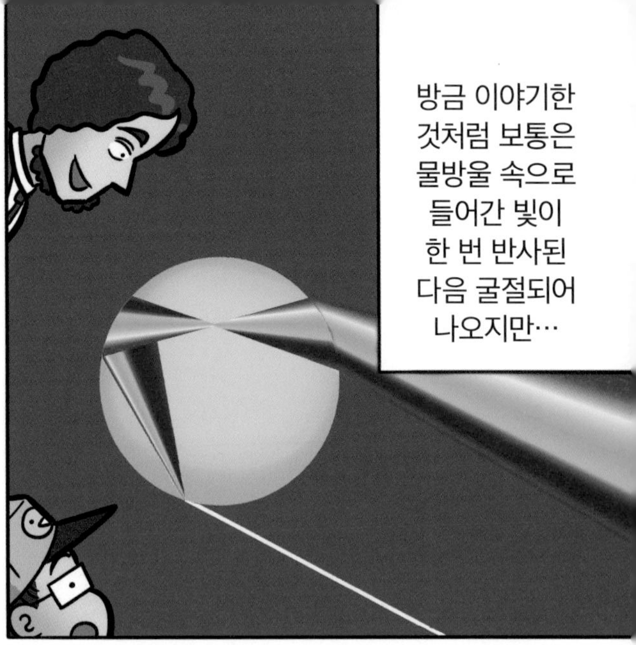
방금 이야기한
것처럼 보통은
물방울 속으로
들어간 빛이
한 번 반사된
다음 굴절되어
나오지만…

간혹 물방울 속에서
두 번 반사되는
경우가 있어.
빛
굴절
반사
반사
굴절

두 번 반사된
희미한 빛이
또 다른 무지개로
보이는 거야.

어, 그런데
두 번째 무지개는
색 순서가
거꾸로네요?

그것 역시 물방울 속에서 반사가 두 번 되어서 그래.
반사가 일어날 때마다 색의 위치가 바뀌거든.
파란 하늘의 쌍무지개… 자연은 과학자면서 또한 예술가….
멋진 말이구나!
아 참! 하늘이 파란 이유를 생각하고 계셨죠? 이유는 알아내셨나요?
음… 아마도 빛의 산란이 그 이유인 것 같구나.
빛이 알을 낳는다고요? 닭도 아니고….
꼬끼오
왈왈
닭개
뿍
뿍
뿍
그 산란(産卵)이 아니고… '흩어진다'는 뜻의 산란(散亂) 말이다!

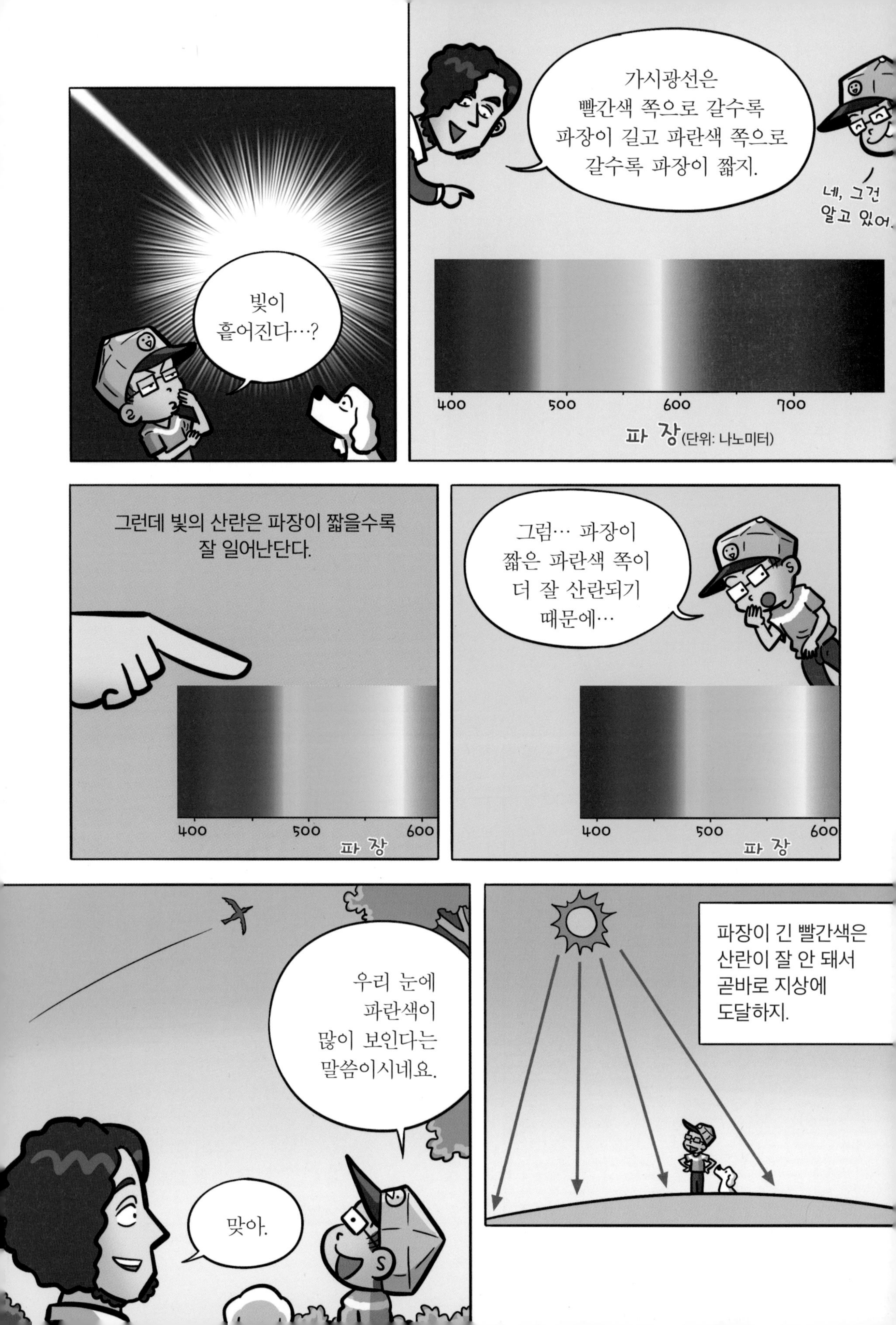
빛이 흩어진다…?
가시광선은 빨간색 쪽으로 갈수록 파장이 길고 파란색 쪽으로 갈수록 파장이 짧지.
네, 그건 알고 있어.
400
500
600
700
파 장(단위: 나노미터)
그런데 빛의 산란은 파장이 짧을수록 잘 일어난단다.
400
500
600
파 장
그럼… 파장이 짧은 파란색 쪽이 더 잘 산란되기 때문에…
400
500
600
파 장
우리 눈에 파란색이 많이 보인다는 말씀이시네요.
맞아.
파장이 긴 빨간색은 산란이 잘 안 돼서 곧바로 지상에 도달하지.

하지만 파장이 짧은 파란색은 산란, 즉 흩어져서
하늘에서 퍼지게 돼.
보라색도 산란이 잘 되지만 우리 눈은 파란색을 더 잘 받아들이지.
파랑이 좋아~
그럼 동이 틀 때나 석양일 때 하늘이 붉게 보이는 건….
낮에는 태양 광선이 대기를 조금만 통과해도 우리 눈에 들어올 수 있어.
대기권
따라서 짧은 거리에서 더 많이 산란하는 파란색 빛이 눈에 잘 들어오는 거지.
푸른빛 승!

그런데 저녁때가 되면
햇빛이 오랫동안 대기권을 통과해야
우리 눈으로 들어올 수 있기 때문에
와,
노을 완전
멋있어!
먼 거리까지
잘 가는 빨간색 빛이
눈에 보이는 거야.
톡
톡
이 물방울을
통과하는 빛도
굴절과 산란을
거칠 거야.
톡
!

주욱

산란…
물방울,
굴절….
주아악

샥
무지개가 하늘에 뜨는 이유가 뭔지 아는 사람 있나요?
척
그래요, 다운 학생. 대답해 봐요.
공기 중의 작은 물방울 속에서 빛의 굴절 현상이 일어나기 때문이에요.
!
굴절이 한 번 생기면 … 두 번 … 쌍무지개가 어쩌고…
하늘이 파란 이유는 빛의 산란 … 노을은 빛의 이동 길이가….
다운이가 또 갑자기 똑똑해졌어!

6화
100년을 뛰어넘은 인연
이상으로 빛에 대한 저의 발표를 마치겠습니다.
와!
대박!
후후!
어떻게 하면 사람이 저렇게 갑자기 변할 수 있지?
혹시 몰래 족집게 과외라도 받나?
후후후!
아니면….
어머! 이를 어째?
빡
컥
천재
혹시… 이런 거?
짜잔!

잘했어요,
다운 학생!
어쨌거나 저쨌거나
다운이가 이야기한 걸
다 적어 놨지.
달달 외우자!
와
짝
짝
그날 밤
빛…
굴절,
반사~.
중얼중얼
얼중얼중
며칠 후
자! 지금까지
배운 걸 정리해
볼까요?
빛의 성질은….
쾅
콰아
악!
그,
그래요.
선생님,
제가 정리해
볼게요!
빛의 성질은 직진!
정권
찌르기!!!
팍
반사!
팍
굴절,
또깍
산란이
있어요.
헐.

그, 그래요.
민서 학생,
계속 해 봐요.
그런데…
무척 피곤해
보이는데요?
빛이 직진하기 때문에
우리가 물체의 형태를
알 수 있고, 물체에서
반사된 빛으로 물체의
색을 구분할 수 있죠.
굴절은 빛이
서로 다른 매질을
지날 때 꺾이는
현상이에요.
빛
굴절
반사
반사
굴절
공중의 물방울
속에서 빛이 굴절과
반사를 하기 때문에
무지개가 생기죠.
또 하늘이
파랗고…
하하핫!
꽥!
노을이 붉게 보이는 건
모두 빛의 산란 때문이에요.

산란은 빛이 대기 중에 있는 물질들과 부딪혀 흩어지는 현상이죠.
파
파
팍
지난 수업 요약하느라 고생이 많다.
시끄러!
너무 흥분한 것 같군요. 민서 학생, 좀 침착하는 게….
아니에요! 전 괜찮아요!
아무튼 정리 잘했습니다.
우헤헤헤헤~, 뭘요!
그런데 빛에는 이것 말고도 아주 중요한 성질이 있습니다.
빛의 이중성 말인가요?
비… 빛의 뭐시기?
무슨 성질이 그렇게 많아!

오, 역시!
이중?
두 개?
겹치기?
우리가 관찰할 수 있는 모든 것은
자세히 들여다보면
입자 또는 파동의 모습이죠.
그런데 빛은 입자와 파동,
이 둘을 결합한 성질을 갖고 있죠.
어떻게
그럴 수 있지...?
쥬
욱
왔냐.
왈왈!
(왔다!)
앗!
저건 뭐지?
왈와라왈왈!
(누군가
시간 이동을!)

1923년 미국 워싱턴 대학교
여긴 또 어딜까…?
Arthur Holly Compton
끙끙!
연구실 같은데….
아서… 콤프턴?
Arthur Holly Compton
확
누구냐! 지금 아주 중요한 발견을 하는 중인데!
무슨 발견인데요?
아직 이름이 없는데…! 그래, 내 이름을 따서 콤프턴 산란이라고 하면 되겠군!
콤프턴 산란? 산란은 스트럿이 발견한 거 아니에요?
옴마, 이 꼬마가 별걸 다 아네!

좋아! 넌 나랑 이야기가 통할 것 같으니 설명해 주마.
콱
컥!
빛이 입자인지 파동인지는 아주 오랫동안 논쟁의 대상이었지.
이게 맞다!
이게 맞아!
내가 존경해 마지않는 아이작 뉴턴 경은 이렇게 말씀하셨어.
빛은 입자다!
1600년대 후반
뉴턴은 프리즘으로 빛이 여러 가지 색으로 나뉜다는 걸 알아냈지.
요!
하하하, 찌찌뽕!
유치해….

하하하하하하
하
완전 유치해….
뉴턴은 빛이 여러 가지 색을 갖는 입자들로 이루어져 있다고 믿었어.
예를 들어 물체가 빨간색으로 보이는 건 빨간 입자가 눈에 들어오기 때문이고
일곱 가지 색이 모두 한꺼번에 들어오면 하얀색으로 보인다고 생각했지.
우당탕쾅
이런…! 길 고양이가 또 창문을 통해 기어 들어왔나 본데?
고양이라면 내가 쫓아내 드리죠

뭐야, 이게 어떻게 된 일이야?
당신은 누구요?
난 토머스 영이라는 사람이오. 여기 왜 온 건질 모르겠군.
콰아
토머스 영? 이중 슬릿 실험으로 빛의 파동성을 증명한 토머스 영?
뭐… 뭐야?
이게 꿈입니까, 생시입니까! 꿈이라도 좋습니다!
100년 전에 돌아가신 위인 분이 어떻게 여기에…!
토머스 영이라는 과학자도 시간 이동을 한 것 같은데….
그럼… 아까 봤던 그 사람이 토머스 영이었구나!
꺄울~!
촤아악
!

빛의 파동성에 대해 진지하게 고민하고 있던 차에 이런 꿈을 꾸다니….
털썩
마침 저도 빛의 입자성에 대해 이 아이에게 말해 주고 있었습니다!
착!
!
콤프턴 아저씨, 좀 흥분하신 거 같아요.
나도 나보다 100여 년 전에 태어나신 뉴턴 경께서 빛이 입자라고 하신 건 잘 알고 있소.
그런데 영 선생님께서는 생각이 다르셨나 봅니다. 빛을 파동이라고 하신 걸 보면….
그렇습니다. 만약 빛이 입자라고 하죠.
아주 좁고 긴 틈에 빛을 비출 경우 틈을 통과한 빛의 입자가 건너편에서 한 줄로 길게 비춰지겠죠.

그럼 그렇지 않았다는 말씀이세요?
그래.
슬릿을 통과한 빛이 어떻게 됐을 것 같니?
에잇!
샤악
다이어트!
헤헷!
하하. 재밌는 발상이구나. 비록 틀렸지만
잔잔한 연못에 두 개의 돌을 던지면 어떻게 될까?

퐁당
퐁당
퐁당퐁당 돌을 던지자~♬
누나 몰래 돌을 던지자~♪
잠깐! 노래 부르려던 게 아닌데… 어디서부터 잘못된 거지?
냇물아 퍼져라 멀리멀리 퍼져라
와, 물결이 겹쳐지고 있어요!
그래, 두 개의 파동이 만나면 '간섭'이 일어나지.
파동에서 높은 곳과 높은 곳이 만나면 더 높아지고…

반대로 낮은 곳끼리 만나면 더 낮아지지.
쑤
욱
빛도 마찬가지야. 같은 현상이 일어난단다.
그런데 이건 물이잖아요, 빛이 아니라….

한 개의 슬릿을 먼저 통과한 빛이 두 개의 슬릿을 통과하면…
빛
슬릿1
슬릿2
간섭 현상이 일어나서 스크린에 밝고 어두운 부분이 교대로 나타나지.

저는 그렇게
생각하지 않습니다!
빛이 파동이라면
광전 효과를
설명할 수
없습니다!
광전…
효과?
광전 효과란 빛을
금속에 쏘았을 때
전자가 튀어나오는
현상을 말합니다.
빛
광전 효과는
아인슈타인 박사가
밝혀낸 것처럼
빛이 입자여야만
설명할 수 있죠.
아인슈타인이
누군지는 잘 모르겠고,
광전 효과도 실험을
해 봐야 알겠지만…
슬릿 실험으로 빛이
파동이란 것이 확실히
증명되었소!

확
빛이 입자라는 증거는 또 있습니다!

확
얼마 전 실험에서…

흑연 판에 X선을 쬐여 주었더니 흑연 때문에 산란된 X선의 파장이
X선 광원
스크린
흑연 판
산란된 X선
ϕ
산란되지 않은 X선
광원에서 나왔던 원래 X선의 파장보다 길어졌습니다!
!

이 현상은 마치 두 개의 공이
충돌하는 것과 같죠.
딱
퍽
X선이 흑연의 전자와 충돌해서
딱
퍽
에너지를 잃어
파장이 길어진 것입니다.
아이고~.
비틀
비실비실
흑연 판
꺄울!
자유다!
그리고 에너지를
얻은 전자가
튀어나오는 거지요.
파창
빛이 입자가
아니라면 불가능한
현상입니다!
촤팟
그렇다면
이중 슬릿의
파동을 어떻게
설명할 거요?

그,
그건…!
쿵
이중성…!
!
빛은 입자이기도 하고
파동이기도 한
이중성을 갖고 있다고
보면 되잖아요?
꼭 한 가지
모습일 이유가
있나요?
그만해!
입자와 파동…
동시에 갖는다…

그것 참 멋진 생각이로구나!
꼬마인 네가 그런 생각을 할 수 있다니!
아니 순전히 제 생각은 아니고요….
기막힌 아이디어에 감사하다는 뜻으로 방금 실험하는 데 사용한 흑연 판을 주마.
콰아아
왜? 내가 뭘 잘못했다고?
왈 왈!!
역사를 뒤죽박죽으로 만들 셈이야?
샤
쉽게 말해서 빛은 물결처럼 퍼져 나가기도 하고…

공처럼
운동하기도 하죠!
파파팍
와~!
엇!
가끔씩
다운이의
모습이
이상하게
변했었지….
뭔가…
흐…
지쳐
보이기도
하고…
헤~!
멍해진 것
같기도 하고….
그런 상태일 때
갑자기 똑똑해졌지.
광전 효과!
굴절
입자!
파동!
반사!

예전과는
확실히
달라…!
콤프턴….
토머스 영….
또 시작이다!
선생님, 그리고
말이죠!
다운이에게 분명
비밀이 있어!

7화
겉과 다른 속
아, 이게 얼마 만인가! 워럴 파악~!
워터 파크!
작년에도 왔잖아. 뭘 얼마 만이야.
본토 발음 이거든?
아, 네네~.
엄마, 어서 튜브 타러 가자!
그래.
튜브? 에이, 시시하게! 타려면 저런 걸 타야지.
?

꺄아아
아아악!
콰아아
자고로 저런 걸 타 줘야 워럴 파악에서 좀 놀았구나~, 할 수 있는 거라고.
후후
랄랄
나 누구랑 이야기하니!
아부지, 겁쟁이들은 놔두고 저랑 같이 가요.
뭐예요, 아빠. 설마 무서운 거예요?
안 무섭거든
안 떨거든
내 별명이 롤러코스터거든? 자이로드롭이거든?
덜
덜덜

쿠
아
꽤액!
아직 출발도 안 했어요….
헤~.
워밍업 몰라, 워밍업? 운동하기 전에 몸 푸는 그런 거….
…….
그래야 실전에서 몸을 싹싹 잘 움직….
출발!
팍
촤악
이이이이익!

콰아
꾸에 에엑!
콱
끄악!
콰아
엄마! 엉엉~!
콰아
그러게….
저 아저씨, 엄마 잃어버렸나 봐?
아, 익숙한 목소리….
아….
…….
저 사람이야.
킥!
ㅋㅋ
쿡!

아빠 때문에 정말 못 살아, 내가!
쏘리….
윽! 토할 것 같으….
켁!
어휴!
우엑~!
화장실
남
다시는…
나도 아빠랑 다시는 안 타….
안 탈 거야….
갇힌 원통 속에서 떨어질 땐 마치 원자핵 속으로 빨려 들어가는 기분이었어.
역시 물리학자다운 감상이시네용.
멀미 나는 무중력 싫어… 중력아, 사랑해….

양성자와 중성자들 사이에 끼어서
이리저리 뒤섞이는 느낌….
꽥!
중성자라면…
양성자와 함께 원자핵을
이루는 입자요?
그래, 원자핵은
양성자와 중성자로
이루어져 있잖니.
중력과 무중력이
뒤섞인 워럴 파악
미끄럼틀 같군….
주욱
한편, 근처의 한
애견 호텔
안녕? 난 릴리야.
넌 이름이 뭐니?
예쁘다….
난 믹스야.

릴리, 너 참
귀엽게 생겼다.
잇힝~!
쥬우욱
차 악
아악,
수영복
차림으로!
컹컹컹!
(아~, 진짜 데이트
중인데!)
크엉?
(너무 심한 거
아냐?)
1932년 영국, 케임브리지 대학교
캐번디시 연구소
여… 긴 또
어딜까…?
으으
와르르, 왈!
(애견 호텔이
아닌 것만은
확실해…!)

어? 왠지 익숙한 곳인데…?
익숙한 냄새야….
킁킁
주문한 질소 기체를 가져왔으면 거기 놓고 가게.
?
너, 넌 누구니? 왜 벌거벗고 다녀?
쿵
수영장에서 오느라고….
여기는 혹시 러더퍼드 박사님 연구실… 인가요?
!
너… 러더퍼드 박사님을 알아?

그분은 우리 스승님이시고… 나는 채드윅이라고 한단다.
러더퍼드 박사님이 스승님?
러더퍼드 박사 연구실은 꽤 컴컴했는데….
그게 뭐였더라? 아! 알파 입자 산란 실험을 하고 계셨죠.
그 실험까지 알고 있군! 혹시 어린 꼬마를 제자로?
진공 상자
금박
알파 입자 발생 장치
그 실험으로 원자의 중심에 핵이 있다는 사실을 알아내셨대요.
핵
돌 대가리
그렇단다! 스승님과 난 그 후에도 원자핵의 비밀을 밝히기 위해 비슷한 실험을 계속했지!
당
어떤 결과가 나왔죠?
컹컹컹!

결과가 나온 것 같기도,
아닌 것 같기도~, 오홍~.
왜 이상한 춤을 추고 그래요!
같기도라뇨?
빛도 입자면서 파동…
결과도 나오면서 안 나온…
뭐 그런 거 아닐까?
머리 아파!
과학은 너무 어려워!
현대 과학이랑
과학자들은 점점 애매모호한
말만 하는 것 같아….
애매모호
알쏭 달쏭
치 치
그럼 꼬마야,
톰슨 경도
알고 있니?
그럼요, 전자를
발견하신 분이죠.
그래, 톰슨 경께선
음극선이 전자의
흐름이란 사실을
밝히셨지.

1886년
독일의
골트슈타인도…
오옷!
이럴 수가!
양극에서 음극으로 뿜어지는
보랏빛 방사선을 발견했단다.
그래, 이게 뭔지는
모르겠지만 양극선이라고
이름 짓자!
그렇게 이름을 지었지만,
양극선의 정체를
정확하게 밝혀내진
못했지.
메롱!
양극선
정체를
밝혀라!
결국 그 비밀은
러더퍼드 선생님이
밝혀내셨어!

양극선은 바로…
양성자들의
흐름이야!
두둥

드디어 양성자가
발견됐구나!
어떻게…?
한편 스승님은
알파 입자를 이용한
실험으로 새로운
원자 모형을 완성할 수
있었지!
원자 대부분의
질량을 차지하고
있는 원자핵이
원자의 중심에 있고
전자
원자핵
그 주변을
전자가 돌고
있는 모습이지.

원자핵과 전자를 모두~ 발견해서,
모형을 만들면…
끝!
아따 멋지요 형님!
뭐냐 그 유머는 …
하지만 또 의문점이 팍!
악!
음, 이상해… 이상해… 궁금해… 궁금해….
러더퍼드
알파 입자를 질소 기체로 발사하면…
갑자기 수소 기체가 나타난단 말이지…
질소 기체만 있어야 하는데….
질소
수소
알파 입자

나도 지금 그 실험을 하고 있었단다.
!
혹시… 알파 입자에 수소 기체가 들어 있는 게 아닐까요?
아니….
?
?
?
아니면 처음부터 질소 기체에 수소가 숨어 있었나?
아니야, 순수한 질소였다고!
촤악
아니면 원래 없던 기체가 시간 이동을 딱!
아니야, 아니야!
처음부터 정확하게 측정해서 실험했거든?
과학자의 기본은 의심 또 의심! 모르세요?
아아, 내가 갑자기 흥분을… 너무 깊게 생각하다 보니….

1914년,
러더퍼드 박사님은
수소 원자핵이
모든 원자핵 중에서
가장 작은 원자핵이란 걸
밝혀내셨지.
아유,
귀여워.
네가
수소 원자핵이니?
바로…
수소 원자핵!
그런데 질소 기체에서
수소 기체가 생겨난 이유는…
알파 입자가 질소 원자핵과 충돌해서
질소 원자핵이 깨졌기 때문이었어!
슉
빡!
악!
컥!
깨져서 나온 입자가 바로
수소 원자핵이었던 거야!
질소 원자 안에 수소 원자핵이
있었던 거지!
어라, 넌
수소 원자핵?

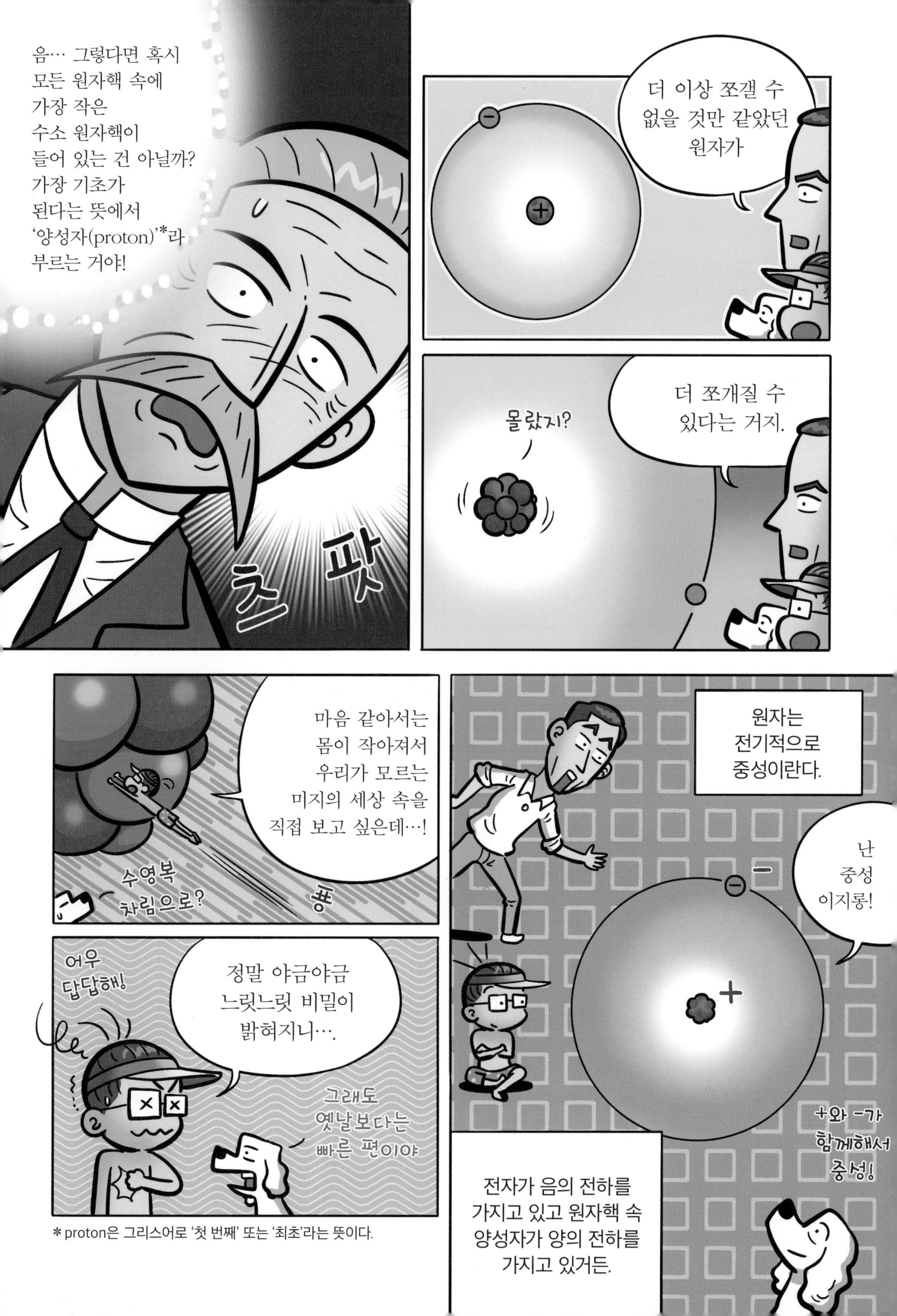
음… 그렇다면 혹시 모든 원자핵 속에 가장 작은 수소 원자핵이 들어 있는 건 아닐까? 가장 기초가 된다는 뜻에서 '양성자(proton)'*라 부르는 거야!
츠 팟
더 이상 쪼갤 수 없을 것만 같았던 원자가
더 쪼개질 수 있다는 거지.
몰랐지?
마음 같아서는 몸이 작아져서 우리가 모르는 미지의 세상 속을 직접 보고 싶은데…!
수영복 차림으로?
퐁
정말 야금야금 느릿느릿 비밀이 밝혀지니….
어우 답답해!
그래도 옛날보다는 빠른 편이야
원자는 전기적으로 중성이란다.
난 중성 이지롱!
전자가 음의 전하를 가지고 있고 원자핵 속 양성자가 양의 전하를 가지고 있거든.
+와 -가 함께해서 중성!

* proton은 그리스어로 '첫 번째' 또는 '최초'라는 뜻이다.

원자가 중성이라는 건 양성자의 개수와
전자의 개수가 같다는 뜻이야.
중성
3 = 3
양성자
전자
그런데 아무리 계산을 해 봐도…
이상하네….
끙
낑
원자핵의 질량이 양성자의 질량보다
훨씬 크게 나왔어.
양성자
원자핵
이는 분명…
원자핵에 다른 게 더 있다는 뜻이죠?
전자, 양성자 말고 제3의 입자가…?
팍
짝짝꿍
사리사리 쿵쿵
빙고~
뭐들 하는 거지?

스윽
이제야 실험을
끝내고 결론을
냈단다!
두둥!
무서워…
이름하여
중! 성! 자!
쿠쿵!
효과음도 본인
입으로 직접….
중성자는 양성자와
거의 같은 질량을
갖고 있고…
양성자
중성자
원자핵
전기적으로
+도 -도 아닌
중성이란다!
그럼, 중성자는 아수라
백작?
헤
헤
원자는
원자핵과 전자로
되어 있고…
원자
원자핵은 다시
양성자와
중성자로
되어 있다는
말씀이시죠?

그렇다! 원자라는 양파의 껍질을 하나 더 벗기게 된 것이지!
이건 소형 질소 기체 통이란다. 가져가렴. 오늘 이야기 즐거웠다.
다시 워럴 파악으로 고고!
콰아아
나는 다시 릴리를 만나러 고고!
샥
어랏, 김민서?
어, 정다운!

나 좀 따라다니지 말아 줄래?
누가 할 소릴!
……
나는 아빠랑 워터 토네이도 타러 갈 거거든.
뭐 그러시든지 말든지…!
우웩!
콰아
아빠, 좀 진정해요!
무서워 어어억!
엄마~!
껄껄
하하하! 다 큰 어른이 저렇게 겁이 많아서야….
……
좌악
……
……

8화
마음을 잇는 힘
생신 축하합니다~♪
생신 축하합니다~♬
짝
짝
사랑하는
우리 할아버지
생신 축하합니다
응? 왜 초가
하나밖에 없냐?
오늘부터 할아버지는
한 살이세요.
?
겨운이가
하도 떼를
써서….
그러면 엄청
오래오래 사실 수
있잖아요~.
오~, 그렇게
깊은 뜻이!

자, 준비하시고~ 부세요!
팟
정겨운, 너무 흥분했다….
훅
뭐해? 축하해 드리지 않고….
자, 돌잡이 하셔야죠?
뻘럭
도, 돌잡이!
생신이라고, 생신! 돌잔치가 아니고!
그래도 할 건 해야지!
오냐, 오냐. 그럼 할애비는 이걸 잡으련다.
슥

왜 연필을 잡으셨어요, 아버지?
죽을 때까지 이 세상의 진리를 탐구하고 싶은 마음에 잡았다….
허허
아… 아버지
할아버지, 진리를 탐구할 힘은 진지에서 나오죠.
어… 그런가…?
밥을 먹으려면 돈이 좀 필요하고….
어… 그래
옷은 입고 다녀야 할 테니…
어… 그래
옷 사려면 검색을….
…….
…….
결국 다 필요한 건가?
헤~.
허허… 내가 지금 원자핵이 된 기분이구나.
네? 그게 무슨 뜻이에요?

전자 같은 내 아들, 며느리, 손주들이 주위에서 날 보듬어 주니까 말이다.
오~!
그럼 당신은 양성자, 난 중성자겠네요.
그런가… 허허!
역시 물리학자다운 비유야…
저도 원자핵이 양성자랑 중성자로 이루어져 있다는 사실은 알아요.
채드윅을 만났다고?
지난번에 제임스 채드윅을 만나 배웠거든요.
또 삥치고 있네.
가족들이 믿지도 않을 얘기를 하고 앉았냐.
정다운
삥 아니거든?
아… 책으로 봤다는 이야기구나.
에효… 네, 뭐 그렇다고 치죠….
어서 케이크나 잘라 먹자고요!
어머, 겨운아, 네가 케이크를 자르면 어떻게 해. 할아버지가 자르셔야지….
슥 슥
할아버지는 한 살이라 너무 어리셔. 내가 대신 해 드릴 거야.

뇌두렴.
난 손녀가 잘라 주는 케이크가 더 좋구나.
얘가 정말….
나는 나는!
에… 에…
엣취!
익!
드세요, 할아버지….
그럼 안 되지!
허허
아까워!
제가 다시 잘라 드릴게요, 아버님….
그래….
할아버지, 양성자와 중성자는 자석 같은 거예요? 어떻게 서로 붙어 있을 수 있죠?
딱풀!
딱풀
네? 말도 안 돼요!

바르바르
양성자
중성자
하하! 딱풀은 소중해!
이상하잖아요!
딱풀 같은 역할을 하는 물질이 있다는 뜻이란다.
아….
딱풀 역할을 하는 게 바로 '글루온(gluon)'이라는 입자인데…
gluon
먹을 수 있는 거임?
쩝
쩝
'글루(glue)'가 접착제라는 뜻이니까 글루온은 접착제 같은 무엇이라는 이야기지.
gluon
원자핵을 이루고 있는 입자이기 때문에, 양성자와 중성자를 통틀어 '핵자'라고 해.
우리는 핵자.
핵자들은 강력한 힘으로 묶여 있어.
그 힘을 만드는 입자가 바로 글루온이야.
안 떨어져!

촙!
소금
헥!
짜!
핵자 유머!
꺼이꺼이, 정말 웃겨!
아이고 배야!
으적 으적
믹스가 풀 뜯어 먹는 소리 한다는데?
고급 유머를 이해하지 못하는 녀석!
글루온을 발견하기 전에는 핵자를 연결하는 힘을 '파이온(pion)'이라는 입자가 만든다고 생각했단다.
퐈이야~
!
파이온? 누가 먼저 이름을 지었나 보군요.
그렇단다.
푸슝

나의 스승님이신 일본의 물리학자 유카와 히데키 교수가 붙인 이름이지.
일본 최초로 노벨상을 받은 분이기도 해.
파이온처럼 중간에서 양쪽을 이어 주는 입자를 중간자라고 하는데
나 중간자
전자보다 무겁고 양성자보다 가벼운 입자야.
전자
중간자
양성자
원자핵 속에서 핵자들을 이어 주는 역할을 하지.
꽉 잡아!
야! 믹스!
그럼 중간자 덕분에 양성자와 중성자가 결합해 원자핵이 완성되는 거군요?
주욱

촤
그 와중에 케이크는 알뜰히도 챙겼네.
악
탁!
왈, 와르르왈! (엇, 놓쳤다!)
1953년 일본 교토 대학
퍽!
앗, 이게 뭐얏!
끙….
누가 내 머리에 똥… 아니, 케이크 던졌냐!
꽈르릉
?
서, 선생님께 드리려고 하다가 그만 넘어져서… 죄송해요….
깽
퍽

날 위해?
장난 치려던 게
아니고?
네? 네!
선생님을 만나
뵙고 싶어서….
내가 오해한 거로구나.
미안하다.
이거 맛있네….
그런데 너희들은
누구니?
채드윅 교수님의
책을 읽고
감명 받아서 왔어요.
쩝
쩝
그래? 나도
채드윅 교수님의
중성자 발견
덕에 연구를
시작할 수
있었지!
무슨 연구를….
중간자 연구!
그럼 혹시 교수님이
유카와 히데키?
다운이
할아버지의
스승!
헐!
아니, 날 만나고 싶다고
케이크까지 들고 와 놓고
나를 모르다니…
이건 무슨 경우냐….
아뇨, 알고
있었어요!

아무튼… 중성자를 발견하면서 원자 구조를 좀 더 자세히 알 수 있게 됐지.
난 원래…
요렇게 생겼지롱~!
원자핵
양성자와 중성자
그런데 그 후 의문점이 또 생겼어.
아니 그럼 양성자와 중성자가 어떻게 이렇게 똘똘 뭉쳐 있을 수 있는 거지?
뭉치면 살고 흩어지면 죽는다!
똘 똘
풀로 딱 붙여서!
풉!
뿍
푸하하! 풀? 원자핵을 풀로 붙여? 어린이다운 귀여운 발상이구나!
차라리 밥풀이라고 하지, 우하하하!
ㅋ ㅋ ㅋ ㅋ
아니면 본드! 순간접착제! 고무줄로 묶을까?
네, 네. 하지만 전 그게 글루온이라는 걸 알고 있다고요!
농담은 그만… 들어 보렴.
자연계에는 네 가지 힘이 있단다.

그건 바로 중력, 전자기력, 약력, 강력이지.
끙!
중력
전자기력
컥!
약력
강력

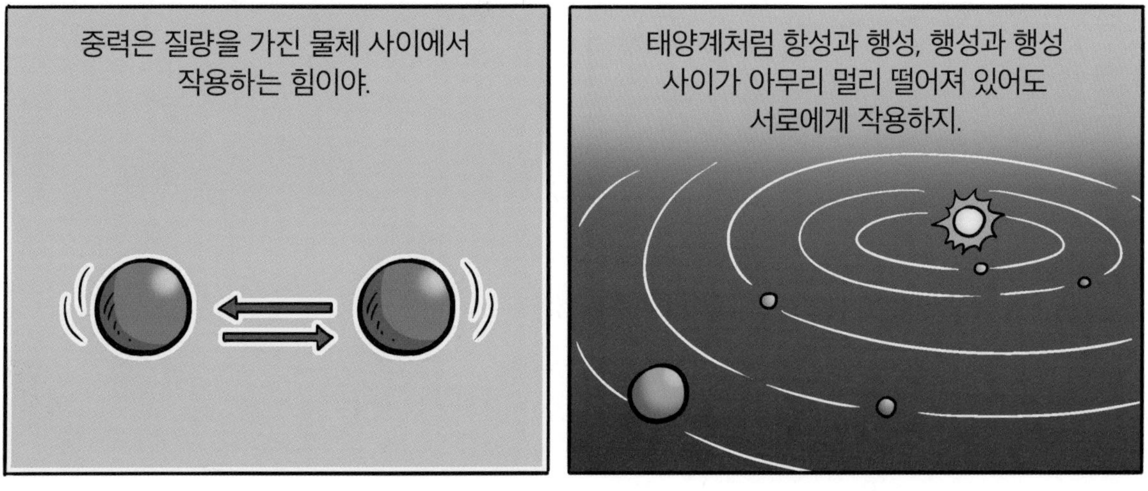
중력은 질량을 가진 물체 사이에서
작용하는 힘이야.
태양계처럼 항성과 행성, 행성과 행성
사이가 아무리 멀리 떨어져 있어도
서로에게 작용하지.

얼마 전에 아빠와 함께 중력이 없는 우주에서 일어난 사고를 다룬 영화를 봤지….
살려 줘요!
중력아, 살려 줘!
중력이 없으니 추진력으로 구해 줄게!
전자기력은 전기력과 자기력이 합쳐진 힘이야. 원자 속 전자와 양성자 사이에서도 작용하지.
맞붙은 물체가 서로 다른 방향으로 이동할 때 생기는 마찰력이나…
끙!
그그극
줄이 팽팽할 때 생기는 장력도
팅
팽
전자기력에 속하지.
전자기력 덕분에 원자가 자신의 형태를 유지할 수 있단다.
끙!
!

끄르럭~!
믹스 때문에 케이크는 형태를 유지하지 못하고 사라졌구나….
쩝
쪽
멍멍! (잘 먹었다!)
반면에 약력과 강력은 원자핵 속에서 작용하는 힘이란다.
!
중성자가 전자를 방출하며 양성자로 바뀔 때가 있는데 이때 작용하는 힘이 약력이야.
전자
중성자
베타 붕괴
양성자
내가 변했어!
중력보다는 강하지만 전자기력보다는 약해서 이름이 약력이지.
중력<약력<전자기력
네? 그럼 원자핵 속에서 양성자와 중성자가 서로 바뀔 수 있다는 말씀이세요?
그렇다.
물어 와!
휙
왈!
중성자
양성자
무슨 생각하는 거야?

그럼 강력은
전자기력보다 강한 힘?
약력<전자기력<강력
그렇단다. 강력이란 양성자들이 서로 반발하는 힘을 누르고 핵을 묶는 힘이야.
꽁
꽁
그렇다면 강력이 없다면 내 몸은….
바람과 함께 사라지는 거겠지.
네 몸뿐만 아니라 세상의 종말이지. 이 세상 모든 게 원자로 되어 있으니까.
콰아아
예전에 보어를 만났을 때 전자가 궤도를 바꾼다는 이야기를 들었는데…
전자
에너지
팍
원자핵
이번에는 양성자가 중성자가 되고 중성자가 양성자가 된다니….

눈에 보이지도 않는 작디작은 원자 안에서 엄청난 일들이 벌어지고 있잖아!
그런 복잡한 일이 내 몸 안에서 일어나고 있다니… 난 이렇게 멀쩡한데….
벅 벅
그나저나 양성자와 중성자가 마법사도 아니고 어떻게 서로 바뀔 수 있죠?
다운포터
콰악
그 이유를 바로 내가 알아냈지!
악!
핵자들이 변하도록 도와주는 또 다른 입자가 있기 때문이란 것을!
양성자
중성자
중간자
짜잔!
이름하여 중간자!

중간자의 작용에 의해 양성자는 중성자로, 중성자는 양성자로 바뀌는 거란다.
중간자
중성자
양성자
엥?
추측은 뭐 자유죠. 보이지도 않는데….
추… 추추
무슨 소리! 1947년 실제 실험을 통해 중간자가 발견됐는데 추측은 무슨…!
버럭!!!
아, 알았어요… 죄송해요.
그때 발견한 중간자를 파이 중간자, 즉 파이온이라 부른단다.
할아버지 말씀대로 유카와 선생님은 파이온이 글루온 역할도 하고 핵자들을 서로 바꾸는 역할도 한다고 생각하신 거군.

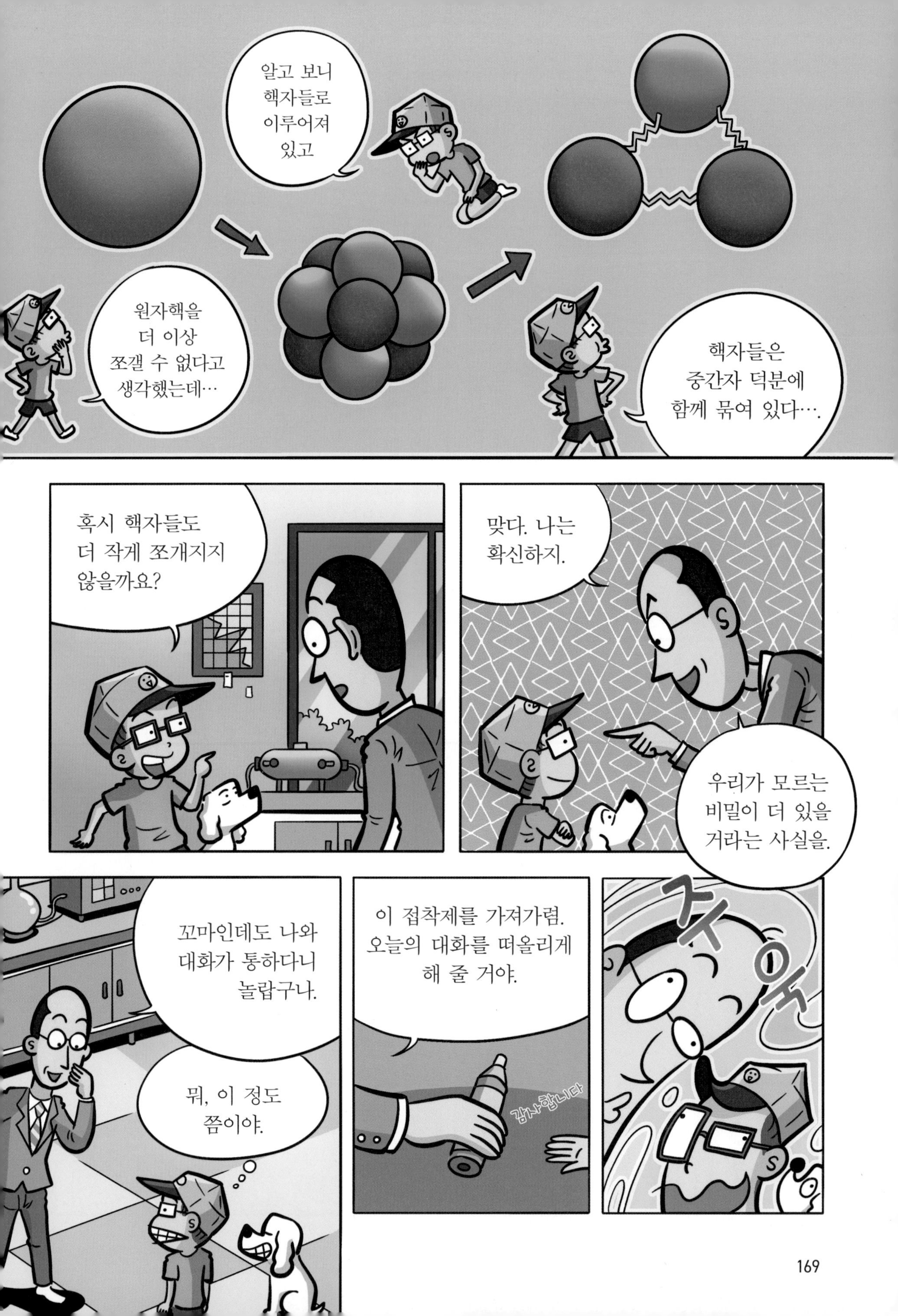
알고 보니
핵자들로
이루어져
있고
원자핵을
더 이상
쪼갤 수 없다고
생각했는데…
핵자들은
중간자 덕분에
함께 묶여 있다….
혹시 핵자들도
더 작게 쪼개지지
않을까요?
맞다. 나는
확신하지.
우리가 모르는
비밀이 더 있을
거라는 사실을.
꼬마인데도 나와
대화가 통하다니
놀랍구나.
뭐, 이 정도
쯤이야.
이 접착제를 가져가렴.
오늘의 대화를 떠올리게
해 줄 거야.
감사합니다
자오

믹스야, 우리도 핵자처럼 다정하게 붙어 가자.
꼬옥
촤아악
아우우~! (이건 강력이 아니라 강제력이잖아!)
샥
훌쩍….
어, 갑자기 왜 우세요? 이렇게 좋은 날에….
갑자기 스승님 생각이 나서 말이다… 내 생일인 9월 8일에 돌아가셨거든….
아마도…

유카와 선생님이 돌아가실 때 할아버지께 중간자가 나타났나 봐요.
그래서 할아버지의 마음은 유카와 선생님이 된 거고요.
오!
중간자가 나타나면서 유카와 선생님의 마음도 할아버지가 되었을 거예요.
멋진 비유로구나, 다운아!

자, 자,
모입시다!
와, 야외에서
수업 받으니
너무 좋아!
9화
서서히 드러나는 진실
나는 자연이 정말 좋아.
자연을 벗 삼아 산다는 건
정말 고귀한 일!
그래, 자연의 친구를
소개해 줄게.
…….
우갸갸갹!
쳇!
왜,
자연의
친구가
싫어?

죽을래?
살래!
타 타 탓
그만 좀 하고
빨리 모여욧!
헉헉… 늦더위에
뛰었더니 죽겠네!
다 너 때문이야
정다운!
광합성을
너무 심하게
했나….
헉 헉
헉
바보야, 광합성은
식물만 하는 거야!
비유적
표현이거든?
센스 좀
키워 봐.
두 학생이
방금 이야기한
광합성에 대해
설명할 테니
어서 오세요.
식물과
동물의
차이점은
뭘까요?
식물은 스스로 양분을
만들어 살 수 있지만,
동물은 식물이나
다른 동물을 먹어야
살 수 있죠!
찍!

식물은 움직이지 않고,
동물은 움직여요!
앵
에이~, 뭐야? 아까와 똑같은 이야기잖아.
무슨 소리! 움직이지 않고 먹고살 수 있는 게 얼마나 중요한데!
!
동물들은 먹이를 찾아 고생고생하잖아.
헥헥헥!
파 팍
오, 듣고 보니 그렇네….
한자를 보면 알 수 있어요.
植物 動物
심을 식 만물 물 움직일 동 만물 물
식물의 '식'은 땅에다 심는다는 뜻이고…
동물의 '동'은 움직인다는 뜻입니다.

동물 입장에서는 가만히 있는 식물이 부럽겠지만
꼼짝없이 잡아먹혀야 하니 누가 더 유리하다고 할 수는 없답니다.
뿌삑!
어쨌든… 식물이 움직이지 않고 양분을 만들 수 있는 이유는 뭘까요?
그건 바로 광합성 덕분이죠!
바로 그거예요!
광합성이란 식물이 햇빛, 물, 이산화탄소로 양분을 만드는 과정입니다.
햇빛
잎
빛 에너지
물 + 이산화탄소 ⇒ 포도당 + 산소
녹말
설탕
줄기
산소
이산화탄소
뿌리

간단히 말하면 햇빛을 이용해서 포도당을 합성한다는 뜻이에요.
탄생!
포도당
햇빛!
물!
이산화탄소
크로스!!!
산소!
쏙
쏙
물!
쏙
포도당!
우리는 광합성 레인저스!
난 사람들을 숨 쉬게 해 주는 산소 같은 남자~.
그래... 그렇다고 치자...
샤방

결국…
빛이 없으면
식물도 광합성도
산소도 포도당도
없는 거야.
우리조차도….
뭐냐
그 분위기는
경배하라!
경배
하라!
헐
하여간…
소중한 햇빛은
바로 핵융합으로
만들어진다는
말씀!
핵융합이요?
네, 원자핵
몇 개가 모여
하나의 원자핵이
되는 과정을
말해요.
원자가 모인다면…
마치 햇빛과 물이
식물 안에서
결합하는 것 같은….

1938년 이탈리아
로마 대학교
아이고~ 이젠 어디로 시간 이동했는지 관심도 없는 거니?
아~ 함!
그렇게 멍하니 있지 말고 시간 이동하는 이유나 생각해 보라고!
그걸 내가 어떻게 알아?
으르르르
확
넌 개랑 말이 통하나 보구나.
헉, 누구세요? 누군데 이곳에 오신 거죠?
이곳에 온 건 너거든?
아, 맞다….

난 엔리코 페르미라는 과학자란다.
이곳 로마 대학교의 교수지. 그나저나 너흰 대체 누구니?
페르미?
누구지…?
?
페… 르… 미… 파~, 솔라시도~♪
잘 모를 땐 유머로 분위기 전환
무리수….
아니, 며칠 전에 노벨 물리학상을 받은 사람인데 모르다니?
노벨상 탄 사람은 많다고요.
헐
잠깐만요! 물리학상이라면 혹시 원자와 관계된 일을…?
그래!

중성자를 이용해서 방사성 원소를 많이 만들어 냈지!
그렇지
중성자라면 양성자와 함께 원자핵을 이루는 핵자….
음, 널 보면 내 젊은 시절이 생각나는구나.
네? 그게 무슨 말씀이세요?
난 스물하나에 물리학 박사 학위를 받았고 스물여섯에 이곳 교수가 됐거든!
헐….
꼬마 앞에서 본인의 천재성을 자랑하는 어른은 처음 봐요.
엇! 내가 지금 무슨 소릴!

아, 아… 미안하다.
내가 약간
그런 성격이라….
너무 일찍
성공했어~
그건
그렇고…
핵융합이
대체
뭐예요?
좋은
질문이다!
우선
핵분열부터
설명해 주마.
!
원자핵이 양성자와 중성자로
되어 있는 건 알지?
그럼요, 그건
이미 러더퍼드와
채드윅 선생님을
만나 배웠어요.
내가 잘난 척을
좀 하지만 너처럼
거짓말은 안 한단다.
진짜라고요!

뭐 어쨌든…
러더퍼드
선생님은
알파 입자로
실험해서
원자핵을 발견했지.
!
엇험~! 알파 입자
실험이라면…
…….
알파 입자를 다른 물질에 충돌시켜서…
쿵
나
알파 입자
어떤 일이
일어나는지
알아내는
실험!
그래,
맞다!
그럼 페르미
교수님도
그 실험을
하셨어요?
해 봤지.

알파 입자는
헬륨의 원자핵이야.
그리고 양전하(+)를
띠고 있지.
그래서
다른 물질에
부딪치게 해 봐도
원자핵까지
도달하기 어려워.
저리 가!
협!
접근을!
못하겠어!
그… 그래.

아이고,
어지러워!
양전하가
안 되면…!
벌떡
음전하(-)인 전자를
쏘면 되지 않을까요?
좋은
발상이구나
전자
쑝
그런데 전자는
너무 작아서
실험이 잘 되지
않았어.
헉!
쇼 — 옹
팟
그럼
양성자를
쏘면…!
양성자도
양전하(+)잖아

그렇다면 남은 건…
중성자뿐!
샤방!
중성자는 나 채드윅이 발견한 거, 잊지 않기!
나는 중성자를 이용해서 많은 방사성 원소를 만들어 냈단다.
덕분에 내가 노벨 물리학상을 받을 수 있었지, 우훗~!
중성자를 어떻게 이용했는데요?
중성자
우라늄
핵분열을 통해서!
두둥!

자연에서 가장 무거운 원소는 바로…
우라늄!
92U
난 우라늄에 중성자를 쏘아서
!
우라늄보다 더 무거운 원소를 만들고 싶었어.
그런데….
털썩
그런데… 뭐죠?
우라늄이 중성자를 흡수하더니
쏙
그냥 쪼개지고 만 거야!
콰앙

오토 한
리제 마이트너
나 말고도 오스트리아의 물리학자 리제 마이트너와
독일의 화학자 오토 한이 우라늄에 중성자를 충돌시키는 실험을 했더구나.

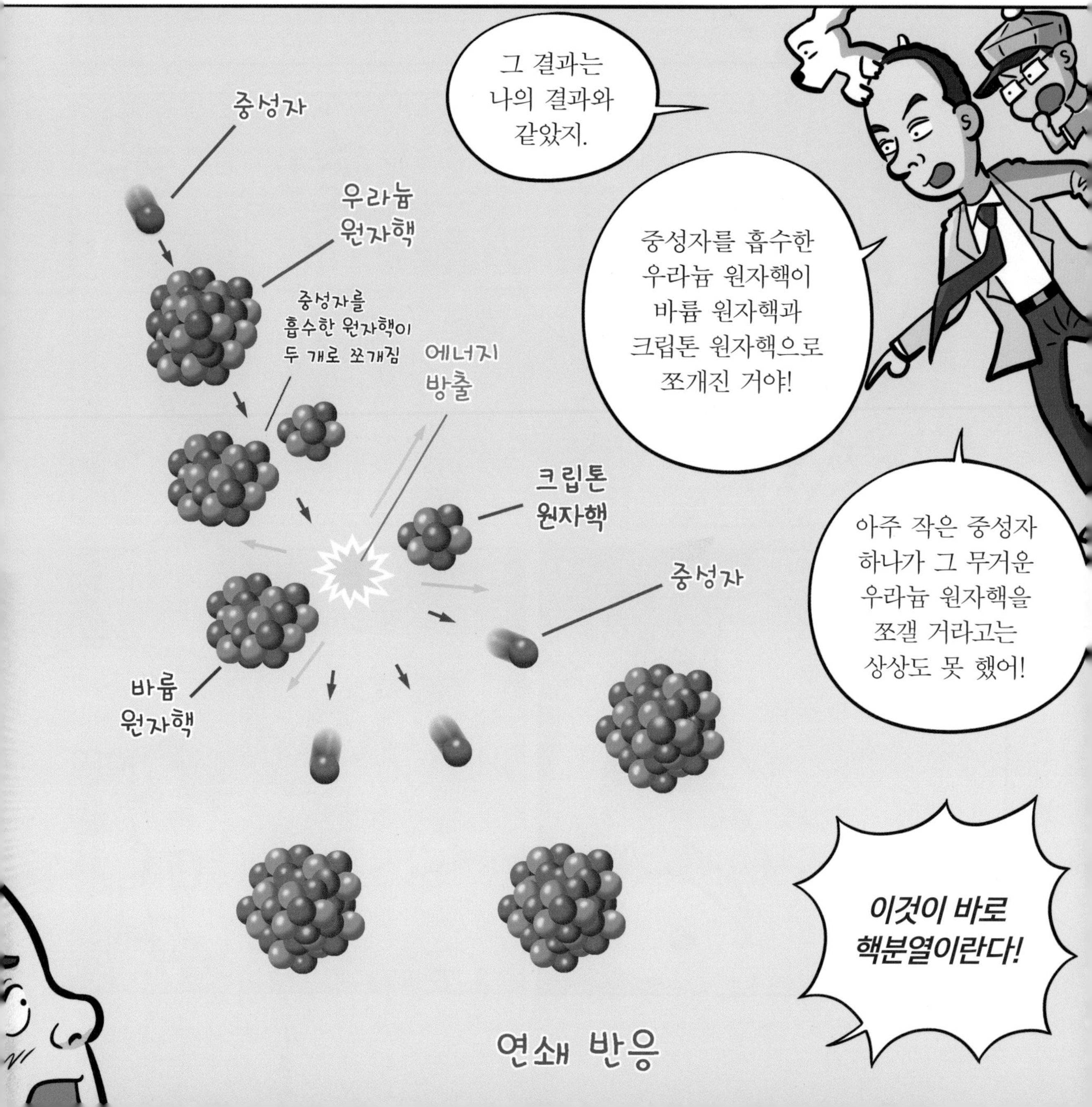
그 결과는 나의 결과와 같았지.
중성자를 흡수한 우라늄 원자핵이 바륨 원자핵과 크립톤 원자핵으로 쪼개진 거야!
아주 작은 중성자 하나가 그 무거운 우라늄 원자핵을 쪼갤 거라고는 상상도 못 했어!
이것이 바로 핵분열이란다!
중성자
우라늄 원자핵
중성자를 흡수한 원자핵이 두 개로 쪼개짐
에너지 방출
크립톤 원자핵
중성자
바륨 원자핵
연쇄 반응

핵분열은 한 번으로 끝나지 않고…
연쇄적으로 일어나고 있어!
콰 콰 콰
게다가 핵분열을 할 때 엄청난 에너지가 나온다는 걸 알았지.
확
이걸 잘 이용하면… 전기보다 더 큰 에너지를 얻을 수 있을 거야!
그런데 왜 이렇게….
뭔가 불길한 예감이….

콰아아아
맞아…
핵분열 연구가
결국 원자 폭탄을
만들게 된 계기가
되었다고 들었어!

앗, 지금 이러고 있을 시간이 아닌데!
이거 받으렴!
퍽
!
내 연구 노트니까 보고 있거라.
어… 디 가시는데요?
미국 대사관에 간다. 난 지금 미국으로 망명을 준비하고 있거든!
학살자 히틀러의 손아귀에서 벗어날 생각이야.
아… 2차 세계 대전이 시작되려나 보군!
오늘도 과학자에게서 물건을 받았네.
주우욱

자, 잠깐!
크어어엉! (왜, 왜 그래? 뭐 잃어버린 거라도 있어?)
알아냈다!
콰아
야~ 침 튀겨!
왈?
좌악
어떻게 하면 시간 이동을 끝내고 우리가 돌아갈 수 있는지!
와웅? (어떻게?)
과학자들에게 물건을 받으면 시간 이동이 끝나는 거야!
츄악
두둥
카르르르! (아, 침 튄다고!)
아우우우우! (뭐, 정말?)
드디어 밝혀지기 시작한 시간 이동의 비밀!
다운이와 믹스의 시간 여행은 다음 권에서도 계속됩니다!
계속

어디 어디 숨었나?

과학자를 찾아라!

『초등학생을 위한 양자역학』 1, 2권에서 등장한 과학자들이
자기 이름을 찾아 주길 기다리고 있어요!

총 15명!
가로, 세로, 대각선에 숨겨진 이름을 함께 찾아보아요.

어험,
난 기억하겠지?
유~ 명하니까!
나도 알겠지?
유~ 명하고
이름도 쉬우니까!
하얀 건 종이요,
까만 건 글씨로다….

돌탕수육오갈릴러와…
흠, 누가 있을까?

돌	탕	수	육	오	갈	릴	러	와	영
퉁	가	리	페	르	미	더	더	키	문
콤	파	스	만	더	레	예	퍼	보	빔
비	프	라	이	지	젝	고	드	아	채
네	라	턴	유	카	와	장	마	인	드
이	이	스	누	피	인	돌	턴	슈	워
션	드	트	골	트	슈	타	인	타	조
뉴	턴	럿	인	슈	타	인	플	인	보
멘	델	레	예	프	트	화	랜	랑	어
오	타	스	트	라	부	아	지	에	크

정답은 194쪽

오옷, 나 찾았다!
만더레예퍼… 엥?
돌퉁… 잉?

정답

도전! 아인슈타인의 오엑스 퀴즈

❶ ○

❷ ✖ (광전 효과는 빛을 입자로 생각해야 설명할 수 있다.)

❸ ✖ (광자 한 개의 에너지는 빛의 진동수가 높을수록 커진다.)

❹ ○

❺ ✖ (특수 상대성 이론은 관찰자에 따라 빛의 속력이 바뀌지 않는다는 것을 기본 원리로 삼는다.)

❻ ○

❼ ✖ (빛의 속력은 어느 관찰자가 보든 초속 30만 km이다.)

❽ ✖ (어떤 관찰자가 두 사건이 동시에 일어났다고 관찰하더라도, 다른 관찰자는 동시에 일어나지 않았다고 관찰할 수 있다.)

어디 어디 숨었나? 과학자를 찾아라!

돌	탕	수	육	오	갈	릴	러	와	영
퉁	가	리	페	르	미	더	더	키	문
콤	파	스	만	더	레	예	퍼	보	빔
비	프	라	이	지	젝	고	드	아	채
네	라	턴	유	카	와	장	마	인	드
이	이	스	누	피	인	돌	턴	슈	윅
션	드	트	골	트	슈	타	인	타	조
뉴	턴	럿	인	슈	타	인	플	인	보
멘	델	레	예	프	트	화	랜	랑	어
오	타	스	트	라	부	아	지	에	크

나 아직 잊지 않았지? 제바~ 알!

두 가지 게임으로 즐기는
과학자 캐릭터 카드

첫 번째 게임 하나 둘 셋! 누가 이겼을까?

카드를 조합해서 점수가 가장 높은 사람이 이기는 게임!

1. 카드를 잘 섞어서 똑같이 나눠 가지고, 자기만 볼 수 있게 손에 듭니다.
2. 모든 참가자가 "하나 둘 셋!"을 외치며 동시에 카드를 내려놓습니다. 조합할 수 있는 카드가 있으면 두 장, 없으면 한 장을 내려놓을 수 있습니다.

3. 점수가 가장 높은 카드를 내려놓은 사람이 탁자 위의 카드를 다 가져갑니다.
4. 게임을 계속 진행하다가 한 사람이 모든 카드를 가져가면 그 사람의 승리로 게임이 끝납니다!

두 번째 게임 누구누구? 캐릭터를 맞혀라!

캐릭터의 표정과 행동을 흉내 내서 누군지 맞히는 게임!

1. 카드를 잘 섞어서 똑같이 나눠 가지고, 자기만 볼 수 있게 손에 듭니다.
2. 참가자끼리 순서를 정합니다.
3. 자기 차례가 되면 손에 든 카드 중에서 하나를 골라 표정과 행동을 흉내 냅니다.

4. 다른 사람들은 어떤 카드인지 맞히고, 가장 먼저 맞힌 사람이 그 카드를 가져갑니다.
5. 게임을 계속 진행하다가 한 사람이 카드를 모두 잃으면 게임이 끝납니다. 카드를 가장 많이 모은 사람이 승리!

카드가 많을수록 게임을 더 재미있게 할 수 있겠죠? 3, 4, 5권의 과학자 캐릭터 카드도 기대해 주세요!

초등학생을 위한 양자역학 ②
1판 1쇄 2020년 7월 27일
1판 9쇄 2024년 6월 1일

기획 어린이과학동아
그린이 홍승우
지은이 이억주
감수 최준곤
펴낸이 김정순
편집 조장현 허영수
디자인 김진영
마케팅 이보민 양혜림 손아영

펴낸곳 (주)북하우스 퍼블리셔스
출판등록 1997년 9월 23일 제406-2003-055호
주소 04043 서울시 마포구 양화로 12길 16-9(서교동 북앤빌딩)
전자우편 henamu@hotmail.com
홈페이지 www.bookhouse.co.kr
전화번호 02-3144-3123
팩스 02-3144-3121

ISBN 979-11-6405-066-6 64420
ISBN 979-11-6405-064-2 (세트)

* 해나무는 (주)북하우스 퍼블리셔스의 과학 브랜드입니다.
* 초등학생을 위한 양자역학 시리즈는 어린이과학동아에서 연재된 '다운이 가족의 생생 양자역학'을 단행본으로 엮은 것입니다.

어린이제품 안전특별법에 의한 기타표시사항
제품명 도서 | **제조자명** (주)북하우스 퍼블리셔스 | **전화번호** 02-3144-3123
주소 04043 서울시 마포구 양화로 12길 16-9(서교동 북앤빌딩) | **제조년월** 2024년 6월 1일 | **사용 연령** 11세 이상